水工混凝土薄壁结构的温控防裂

王振红 于书萍 著

中国水利水电出版社
www.waterpub.com.cn
·北京·

内 容 提 要

本书通过全面阐述水工混凝土薄壁结构的温控防裂特点和难点，提出了该类混凝土结构的温控防裂方法和措施。主要内容有薄壁结构混凝土的热力学特性、温度应力仿真计算理论和方法、水工薄壁混凝土热学参数试验、水工薄壁混凝土结构的裂缝成因和防裂方法以及工程实际应用和取得的实际效果等。

本书涉及面广、内容翔实，从参数研究到结构计算、从基本理论到工程应用等全方位进行阐述，可作为水工混凝土薄壁结构科研、设计、施工等人员的参考书，也可作为大体积混凝土温控防裂研究人员的参考书，还可以作为高等院校水工结构类专业的教学参考书。

图书在版编目（ＣＩＰ）数据

水工混凝土薄壁结构的温控防裂 / 王振红，于书萍著. -- 北京 : 中国水利水电出版社，2016.10
ISBN 978-7-5170-4819-0

Ⅰ.①水… Ⅱ.①王… ②于… Ⅲ.①水工结构－混凝土结构－薄壁结构－汽温控制②水工结构－混凝土结构－薄壁结构－防裂 Ⅳ.①TV332.4

中国版本图书馆CIP数据核字(2016)第247040号

书　　名	**水工混凝土薄壁结构的温控防裂** SHUIGONG HUNNINGTU BOBI JIEGOU DE WENKONG FANGLIE	
作　　者	王振红　于书萍　著	
出版发行	中国水利水电出版社	
	（北京市海淀区玉渊潭南路 1 号 D 座　100038）	
	网址：www.waterpub.com.cn	
	E-mail：sales@waterpub.com.cn	
	电话：(010) 68367658（营销中心）	
经　　售	北京科水图书销售中心（零售）	
	电话：(010) 88383994、63202643、68545874	
	全国各地新华书店和相关出版物销售网点	
排　　版	中国水利水电出版社微机排版中心	
印　　刷	三河市鑫金马印装有限公司	
规　　格	170mm×240mm　16 开本　12.5 印张　180 千字	
版　　次	2016 年 10 月第 1 版　2016 年 10 月第 1 次印刷	
印　　数	0001—1500 册	
定　　价	**45.00 元**	

前　言

　　混凝土温度裂缝问题一直是工程界所面临的一大难题，它不但影响工程的耐久性和使用寿命，而且也影响工程的安全性。长期以来，国内外学者对混凝土温度裂缝问题进行了大量的科学研究，但终因问题异常复杂，影响因素众多，至今尚未得到很好解决。在水利界，这方面的叙述主要集中在以大坝为代表的大体积混凝土温度裂缝防止方面，而对水闸、渡槽、泵站、厂房、地涵、船闸、隧道等水工混凝土薄壁结构的温度裂缝问题叙述相对较少。水工混凝土薄壁结构和大体积混凝土温控存在较大区别，主要表现在材料特性和结构型式方面，其温控防裂是一个复杂的系统工程，既要从混凝土材料本身特性进行研究，也要从施工技术上予以改进。

　　笔者长期从事水工结构工程工作，主要研究方向是混凝土的温控防裂。在经历了多个薄壁混凝土工程的建设历程、见证了一个个水工混凝土薄壁结构温控防裂难题被攻克之后，心中充满了欣慰与感动。在欣喜之余，笔者认为有必要对水工混凝土薄壁结构施工时遇到的温控防裂技术问题及研究方法进行梳理与总结，对提高个人知识水平和我国水工混凝土的温控防裂措施技术大有裨益，同时对类似工程的施工也能起到一个参考作用。鉴于此，在总结以往工程温控防裂技术的基础上，编撰了本书。

本书针对水工薄壁结构混凝土的热力学特性，借助仿真计算理论，结合相关试验和实际工程，对施工期的温控防裂进行了较深入、系统的阐述，主要内容包括：①水工薄壁结构混凝土的热力学特性，探讨其变化规律；②水工混凝土薄壁结构的相关试验，确定混凝土的表面放热特性；③混凝土薄壁结构温度裂缝形成机理和防裂方法，特别是大体积混凝土结构中的水管冷却技术在水工混凝土薄壁结构中的应用等；④水工混凝土薄壁结构的实际应用等。

本书在编撰过程中得到了有关专家和同仁的大力支持和帮助，中国水利水电科学研究院张国新教高、刘毅教高、朱新民教高、刘有志教高和朱振泱高工等提出了许多宝贵的建议，在此表示深深的感谢。此外，还要感谢国家自然科学基金项目（51579252，51439005）、国家重点研发计划项目（2016YFB0201000）、国家重点基础研究发展规划项目（2013CB036406，2013CB035904）和流域水循环模拟与调控国家重点实验室基金项目对本书所提供的支持和资助。

由于混凝土工程技术发展迅速，新材料和新工艺层出不穷，加之个人的水平所限、编写时间仓促，书中不足之处在所难免，敬请读者批评指正。

作者

2016 年 7 月于北京

目 录

第1章

绪　　论

1.1　工程背景

1.1.1　研究背景

目前全国正处在水利工程建设的高峰时期，大量水工混凝土薄壁结构工程投入建设。南水北调东线和中线工程约有2000座新建渡槽、泵站、水闸、船闸、倒虹吸、地涵和各种交叉建筑物等混凝土工程。与混凝土大坝相比，水闸、地涵、泵站等水工建筑物混凝土体积相对较小，但由于其独特的功能和相对复杂的结构型式与受力特点，这些结构在施工期产生裂缝的现象一直较为普遍，严重困扰工程界。同时，在这类工程的建设当中，高性能泵送混凝土越来越被广范使用，其施工优点和较大经济效益受到工程建设者喜欢，但高性能泵送混凝土具有水泥用量多、坍落度大、水化反应剧烈、热量多且早期集中释放、弹性模量大和体积变形大等特点，致使裂缝产生现象更加普遍、更是防不胜防。因此，薄壁混凝土的特点困扰工程的建设和施工质量，成为全国水利行业学术界和工程界特别关注的问题。

资料显示[1]，湖北省陈家冲溢洪道，1965年建成，1989年2月检查发现，在闸墩、底板等部位发生各类裂缝81条。马头寨溢洪道1988年浇筑，1991年2月陆续在侧墙底板、闸墩等部位发现69条裂缝，总长达931m。同时施工的巩河水库溢洪道也产生了类似裂缝。位于长江江堤的大型涵闸（新滩口、余码头、武穴等），在底板和胸墙部位都发生了较为严重的裂缝[2]。在观音寺闸的底板上曾发现了多达 127 条裂缝，其中 24 条为贯穿性裂缝[3]；在沙颍河郑埠口枢纽工程节制闸闸墩上曾发现 45 条裂缝[4]；新河大闸在混凝土铺盖上发现了 3 条横向贯穿性裂缝[5]；在法泗闸也发现了裂缝[6]。

叶国华[7]调查了我国华东六省一市几个地区近 50 座大中型船坞、水闸、船台、重力式码头、卸煤坑道、翻车机房和泵站等较大型的建筑物共 800 多段墙体、墩体、底板和基础结构，其中有 200 多段都出现裂缝，而且大多为贯穿性裂缝，并指出产生裂缝的原因除了与浇筑块温差和外在约束有关外，混凝土的收缩如干缩、自生体积收缩与裂缝的产生也有直接关系。北京永定河与小清河闸墩以及河南陆浑水库溢洪道闸墩由于在设计中未考虑温度应力，施工单位也未采取必要的温控措施，致使结构在施工期就出现了许多裂缝[8]。另外，泵送混凝土闸墩如石梁河泄洪闸，在混凝土龄期 3～20d 时就不同程度地产生了裂缝。闸墩裂缝一般沿竖直方向出现，常发生在沿长度方向的中部，在 1/3～1/2 高度范围内。

可见，裂缝现象是层出不穷、无处不在的，有时新材料和新工艺的应用，也会带来一些新的问题，为混凝土的裂缝防治带来新的困难。

1.1.2　研究意义

混凝土结构裂缝的危害是显而易见的，它的存在和发展，不仅影响建筑物的外观，同时也使建筑物容易产生渗漏，加速混凝土的碳化，降低混凝土抵抗各种侵蚀性介质的耐腐蚀性能力，影响混凝土结构物的结构强度和稳定性，危及建筑物的正常使用和缩短建筑物的使用寿命。如何有效地防止裂缝的形成和发展是建设、设计和施工方都极为关注的问题，也是学术界研究的热点之一。

因此，根据目前国内众多工程建设的需要，有必要对水工混凝土薄壁结构，特别是以大型输水渡槽、泵站和地涵工程为代表的高性能泵送混凝土的裂缝成因和施工防裂方法进行深入研究，借助高精度仿真计算理论和方法及计算参数准确确定理论与方法的研究和敏感性仿真计算分析，预测裂缝产生的具体机理、启裂时间、启裂部位和发展过程等，进而能够提出更加科学、效果更好、经济且易行的防裂措施，指导工程施工，提高混凝土工程的安全度和耐久性，更好地为国民经济建设服务。

1.1.3 问题的提出

在水工混凝土薄壁结构建设过程中，大多使用高性能混凝土（High Performance Concrete，HPC），其特性与普通混凝土（Conventional Concrete，CC）明显不同。高性能混凝土水泥用量多，水化反应剧烈，混凝土温升高；同时，为满足混凝土某种特性的需要，往往在混凝土中掺入各种矿物掺合料和外加剂。研究表明，温度、矿物掺合料和外加剂都不同程度地影响着混凝土的热学和力学参数，影响着混凝土温度和应力特性的发展，进而影响混凝土裂缝的产生。因此，研究温度、掺合料和外加剂对高性能混凝土热力学特性的影响就成为重要的课题。

统计表明[9]，在水工混凝土薄壁结构裂缝问题中，裂缝主要是在混凝土施工阶段产生的，80%的裂缝又是因体积变形引起的，混凝土的体积变形主要表现为收缩。体积收缩包括温降冷缩、基本收缩（自生体积收缩）、干缩、化学收缩和塑性收缩等，这些收缩相互影响，且随混凝土龄期的发展不断变化。为了防止裂缝的产生，施工阶段每种收缩变形的形成机理和影响因素是值得关注的问题。

把大体积混凝土中的水管冷却技术应用到水工混凝土薄壁结构中无疑是一种技术上的突破和创新。实践证明，埋设冷却水管是一项经济、有效且方便的混凝土温控手段，但水管沿程水温的计算与温度梯度 $\partial T/\partial n$ 有关，因此水管冷却混凝土温度场是一个边界非线性问题，温度场的解无法直接求出，必须采用迭代解法逐步逼近真解。在他人[10,11]工作的基础上，针对实际工程中的水管布置大都为蛇形布置这一问题，河海大学朱岳明教授提出按水流方向计算沿程水温，不必采用截弯取直的方法，可以很好地计算蛇形水管中流动水的水温增量，提高了温度及温度应力计算的精确程度。该方法无疑对其工程应用提供了可靠的科学依据。

混凝土特别是早期混凝土温度和应力计算精度不高的一个主要原因是不能准确确定混凝土的热学参数，包括绝热温升、导热系数和不同物盖条件下混凝土表面热交换系数。这些参数的确定一般通过仪器进行测定或者经验公式进行计算，但至今还缺少这方面的仪器，此外，经验公式计算的热学参数又往往和实际情况有较大出入。为了克服这些缺陷，借助先进的反分析理论和方法，对这些参数进行反演就显得十分必要。

水工混凝土薄壁结构一般型式单薄、约束明显，在分析裂缝成因的基础上，有必要提出相应的防裂措施。混凝土的温控防裂要从内因和外因两方面进行，内因是从材料方面进行优化，外因是从施工技术方面予以改进。另外，针对薄壁结构的特点，一些因素的影响是不得不考虑的，比如寒潮、昼夜温差等。

在研究高性能混凝土基本热学参数和力学参数特性的基础上来分析混凝土温度和应力特性，进而再分析结构的温控防裂问题，无疑是一个循序渐进、逐步深入的过程。另外，先进的计算分析思路也是一个重要的环节，比如本书提倡的"混凝土热学参数反演分析＋温控参数敏感性分析→施工反馈分析→温控防裂方法"这一新的防裂思路，为后续仿真计算的准确把握提供了保障，值得在工程中应用推广。

总之，水工混凝土薄壁结构施工期的温控防裂是一个非常复杂的系统工程。

1.2　高性能混凝土研究进展

1.2.1　高性能混凝土的定义

世界上对高性能混凝土的研究及其应用与日俱增，高性能混凝土越来越广泛地应用于各国工程实际。高性能混凝土是从高强混凝土发展而来的，不同国家、不同学者依照各自的认识、实践、应用范围和目的要求的差异，对高性能混凝土有不同的定义和解释[12]：

（1）美国国家标准与技术研究所（NIST）与美国混凝土协会（ACI）认为 HPC 是用优质水泥、集料、水和活性细掺料与高效外加剂制成的，同时具有优良的耐久性、工作性和强度的匀质混凝土。1990 年 5 月，美国国家标准局组织召开了关于 HPC 的专题讨论会，参加者认为，HPC 具备的性能应包括易于浇注捣实（免振自流平）而不离析，优良且长期保持的力学性能；高早强、高韧性；体积稳定；严酷环境下的长久使用寿命。对于普通混凝土可通过控制水灰比来调节抗压强度，但提高强度时，工作性、耐久性、体积稳定性等综合性能指标并不能得到保证，而 HPC 则从全方位角度改变了混凝土的工作概念。

（2）欧洲重视强度与耐久性，常把高性能混凝土与高强混凝土并提，法国与加拿大正在研究超高性能混凝土，北欧正开发高强 HPC。1992 年法国 Malier 认为，HPC 的特点在于有良好的工作性、高的强度和早期强度、工程经济性高和高耐久性，特别适用于桥梁、港工、核反应堆以及高速公路等重要的混凝土建筑结构。

（3）日本重视 HPC 的工作性与耐久性，而不过分强调强度。1992 年日本的小泽一雅和冈村甫认为，HPC 应具有高工作性（高的流动性、黏聚性与可浇注性）、低温升、低干缩率、高抗渗性和足够的强度。同年，日本的 Sarker 提出，HPC 具有较高的力学性能（如抗压、抗折、抗拉强度）、高耐久性（如抗冻融循环、抗碳化和抗化学侵蚀）、高抗渗性，属于水胶比很低的混凝土。

（4）我国著名的混凝土科学家、中国工程院院士吴中伟教授认为，高性能混凝土是一种新型的高技术混凝土，是在大幅度提高普通混凝土性能的基础上采用现代技术制作的混凝土，是以耐久性作为设计的主要指标，针对不同用途的要求，有重点对耐久性、施工性、适用性、强度、体积稳定性和经济性予以重点保证。赵国藩认为，高性能混凝土是指具有高强度、高耐久性、高流动性等多方面优越性的混凝土[13]。

笔者认为，高强混凝土不一定是高性能混凝土，高性能混凝土也不只是高强混凝土，而是包括各种强度等级的具有良好的各种性能的混凝土。水工混凝土薄壁结构要求有很长的安全使用期，且所处环境都比较复杂（寒冷、干热以及高速水流冲刷等），因此对耐久性、体积稳定性和工作性有很高的要求，而对强度要求不是很高。

1.2.2 高性能混凝土组分

1.2.2.1 水泥

水泥的水化热是单位质量水泥中的各种化合物与水反应的过程中放出的热量，以 J/g 表示。影响水泥水化热的因素很多，包括水泥熟料矿物组成、水泥细度、混合材掺量及质量、水灰比、养护温度等，但主要是决定于熟料矿物的组成与含量。硅酸盐水泥熟料主要由氧化钙、氧化硅、氧化铝、氧化铁 4 种氧化物组成，这些氧化物并不是单独存在的，而是反应生成多种矿物集合体。水泥熟料是多种矿物的聚积体，主要包括硅酸三钙（$3CaO \cdot SiO_2$，简写 C_3S）、硅酸二钙（$2CaO \cdot SiO_2$，简写 C_2S）、铝酸三钙（$3CaO \cdot Al_2O_3$，简写 C_3A）。

普通硅酸盐水泥的水化是熟料组分、硫酸钙和水发生交错的化学反应，反应的结果导致水泥浆体不断地稠化和硬化。从化学上讲，水化是一种复杂的溶解—沉淀的过程，各种水泥矿物以不同的速率同时进行，而且彼此影响。硅酸盐水泥水化反应主要为：

$$CaO \cdot SiO_2 + 6H_2O \longrightarrow 3CaO \cdot SiO_2 \cdot 3H_2O + 3Ca(OH)_2$$
$$2(2CaO \cdot SiO_2) + 4H_2O = 3CaO \cdot SiO_2 \cdot 3H_2O + Ca(OH)_2$$
$$3CaO \cdot Al_2O_3 + 6H_2O = 3CaO \cdot Al_2O_3 \cdot 6H_2O$$

水化放热速率（rate of heat evolution）随水化时间的变化见图 1.1，水化反应龄期与水化度的关系见图 1.2。

从图 1.1 可以看到，水泥和其他矿物的水化过程可以分为 4 个阶段，即初始阶段、稳定阶段、加速阶段、衰减阶段。第一阶段在水泥与水混合接触之后，C_3A 和石膏激剧反应并生成钙矾石，钙矾石生成的同时也降低了 C_3A 的反应，因此放热速率迅速降低，该阶段持续时间为 15~30min，水化反应仅影响混凝土的初始浇筑温度，释

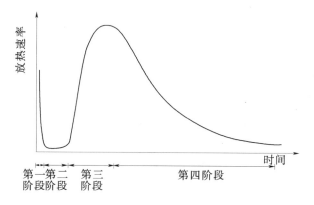

图 1.1 水泥的水化反应过程[14]

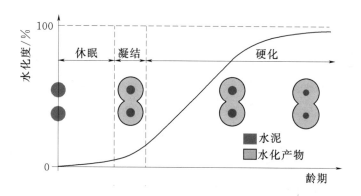

图 1.2 水化反应龄期与水化度的关系[14]

放的能量也仅使混凝土初始温度升高 1～2℃；稳定阶段发生在混凝土拌和、运输、浇筑的过程中，持续时间 1～3h，由于这一阶段水化反应率很低，所以几乎没有能量的释放；加速阶段发生在混凝土浇筑后，持续时间 3～12h，这一阶段是水化反应最激烈的阶段，伴随有大量的热量释放；混凝土放热高峰到达以后，水化放热速率开始逐渐减小并最终趋于稳定。在实际混凝土水化放热理论与计算研究中，前两个阶段由于发生在混凝土浇筑以前，持续时间很短，且水化放热量很小，常常忽略不计，一般的计算模型仅从第三阶段（即混凝土浇筑后加速水化阶段）开始，这使问题得到大大简化。

事实上，水泥的水化反应是其组分分别与水的化学反应，每种组分的水化反应持续时间和速率是不一样的，它们的活性顺序大致为：$C_3A > C_3S > C_2S$。除此之外，每一个化合物与水反应的反应速率还取决于它的生产过程；颗粒尺寸、粒径分布和水化温度对水化反应速率也影响很大。如果考虑每种组分的水化反应，那需要了解水泥的每种化学组分的物理和化学特征，模型将会很复杂。鉴于此，这里考虑的水化反应是指每种化学组分的平均水化反应。

1.2.2.2 集料[15]

（1）粗集料。天然岩石一般强度都很高，在 $80 \sim 150MPa$。因此，对于高性能混凝土，最重要的不是强度，而是粗集料的粒形特征，包括粒形、粒径、表面状况、级配以及分化石含量等。在高强高性能混凝土中，集料的粒性特征对混凝土的强度和性能影响更大。

（2）细集料。细集料宜选用石英含量高、颗粒形状浑圆、洁净、具有平滑筛分曲线的中粗砂，细度模数为 $2.6 \sim 3.2$。细度模数在 3 附近时，混凝土工作性最好，强度最高。应按砂石标准严格控制砂子的质量，尤其是含泥量和泥块的含量，以确保混凝土质量。

1.2.2.3 矿物掺合料

为了提高混凝土的耐久性、抗渗性、体积稳定性和工作性等，高性能混凝土往往掺有大量矿物掺合料。这些掺合料对混凝土热学和力学特性有重要影响，可降低温升，改善工作性，增进后期强度，并可改善混凝土内部结构，提高抗腐蚀能力。尤其是磨细矿物掺合料对碱-骨料反应的抑制作用已引起国内外专家的极大兴趣。因此，国外将这种混合材料称为辅助胶凝材料，是高性能混凝土不可缺少的成分。

矿物掺合料主要包括粉煤灰、矿渣、火山灰等，其对水泥水化的影响各不相同。水泥中掺入粉煤灰能够减小水化放热量和水化反应速率[16-18]，矿渣水泥比普通水泥的水化热要低，而且和普通水泥的水化放热过程相比，在水化过程中要经历两个水化放热高峰[19,20]，火山灰水泥由于其矿物成分能够加速水泥的水化，水化放热速度要高于一般水泥，但总的水化放热量降低[21-23]。

1.2.2.4 高效减水剂

除矿物掺合料外，高效减水剂也是高性能混凝土一个关键组成部分。减水剂使混凝土中的水泥用量减少，超细粉用量增大，在施工过程中混凝土不会离析，它的坍落度保持在200mm以上，稍加振捣或免振捣就能使混凝土在钢筋密集部位得到很好的填充，使制作流态混凝土包括自流平及自密实混凝土的技术得到实现。

1.2.3　高性能混凝土的应用

随着大跨度、超高建筑的发展，高性能混凝土越来越被广泛地应用。在国外，高性能混凝土应用相对较多，比如美国的芝加哥、西雅图、纽约、休斯敦；加拿大的多伦多、德国的法兰克福等均有多幢超高强高性能混凝土建筑，芝加哥 SOUTH WACKER 大厦低层柱为 C95 混凝土；西雅图 65 层的双联广场钢管混凝土柱，28d 抗压强度 115MPa。应用超高强高性能混凝土最好的国家是挪威，挪威已在建造北海油田的钻井平台中使用超高强高性能混凝土，并将超高强高性能混凝土广泛用于道路工程，明显提高了混凝土路面的耐磨性，适应了挪威严寒地区汽车带钉轮胎对路面的强磨蚀状况。

我国在混凝土技术方面也取得了明显的进步。在普遍应用 C30、C40 等级混凝土的基础上，C50、C60 高性能混凝土的工程应用范围不断扩大，大量的 C50、C60 用于高层建筑和大跨桥梁，如上海金茂大厦、东方明珠电视塔、上海杨浦大桥、万县长江大桥等。也有少量 C80 高强泵送混凝土在实际工程中得到应用，如上海明天广场、北京静安中心大厦等[24]。

在水利界，由于高性能混凝土的耐久性强，它越来越多地被应用于南水北调东线中线结构工程当中。南水北调工程约有 2000 座新建渡槽、泵站、水闸、船闸、倒虹吸、地涵和各种交叉建筑物，这些水工混凝土薄壁结构所处环境条件恶劣，要求具有较高的耐久性，因此大都采用高性能混凝土，南水北调中线某渡槽工程就采用 C50 高性能泵送混凝土。随着时间的推移和技术的发展，高性能混凝土在中国的应用也将更加广泛。

1.2.4　高性能混凝土收缩变形

1.2.4.1　自收缩

自收缩（基本收缩），是指混凝土在硬化阶段，在恒温、与外界无水分交换的条件下混凝土宏观体积的减少[25-27]。研究表明，自收缩在混凝土内部是相对均匀地发生，而不仅仅在混凝土表面或内部发生[28]。从收缩机理方面来看，一般认为，混凝土自收缩主要是由水泥水化引起的混凝土内部自干燥产生的毛细管张力造成的。水泥的水化动力学使得水泥浆的自干燥水平受到限制，因而也使得自收缩的发展受到限制[29,30]

自收缩的发展受到很多因素的影响，最主要的是混凝土的材料组成方面，为此，国内外很多专家进行了研究。Miyazawa[31]试验研究了混凝土类型、水灰比、骨料类型与级配对高性能混凝土内部水分变化和自生体积收缩的影响。李家和[32]研究了硅灰、磨细矿渣、磨细粉煤灰三种掺合料对高性能混凝土自收缩的影响，结果表明：硅灰和磨细矿渣增大了高性能混凝土 3d 前的自收缩值，而磨细粉煤灰降低了高性能混凝土 3d 前的自收缩值。Zhang[33]介绍水灰比和硅粉对自生体积收缩的影响。祝昌曒[34]以掺硅粉的大流动性高强混凝土为研究对象，对混凝土在常温常湿的室内条件下的自收缩进行了研究。

为减小混凝土自生体积收缩，Bentur[35]试验研究采用湿的轻骨料来替代传统的高性能混凝土骨料，以通过内部的湿养护来达到减小混凝土自生体积收缩的目的。值得注意的是，过高的轻骨料含量会降低混凝土的强度，Zhutovsky[36]通过试验确定了合理的轻骨料含量，蒋亚清[37]提出了 HPC 中轻骨料含量的计算方法。Collepardi[38]研究了减缩剂对 HPC 自生体积收缩的影响。韩建国[39]给出了减缩剂对抗混凝土自收缩及受限收缩的作用效果。另外，最近的研究显示，减水剂的使用使得混凝土的自生体积收缩量大大增加[40,41]，应当引起足够的重视，对掺减水剂的混凝土应特别加强早期养护、做自收缩试验和防裂研究。

1.2.4.2　干燥收缩

置于未饱和空气中的混凝土因水分散失而引起的体积缩小变形，称为干燥收缩（简称"干缩"）[26]。理论上讲，干缩是混凝土在干燥条件下实测的变形减去相同温度下密封试件的自缩变形。干燥收缩的测定比较困难，一方面是由于干燥收缩很难和自收缩分离，另一方面是各国学者对干燥收缩测定的起始点（我国规定为混凝土成型后第二天）和对自收缩测定的起始点（一般为混凝土初凝或终凝时）不一致，另外，干缩是在大气中进行测量的，所以干缩结果中也包含碳化收缩的影响。研究发现，混凝土失水后收缩、吸湿后膨胀，但是恢复也是部分恢复，因此，干缩可分为可逆干缩和不可逆干缩。不可逆干缩是由于一部分接触较紧密的凝胶颗粒在干燥期间失去吸附水后发生新的化学结合，这种结合即使再吸水也不会被破坏[30]。

综上所述，干燥收缩机理复杂，测定难度大；同时，Erika 认为[42]，对高性能混凝土而言，由于水胶比低，干燥收缩对其总收缩的贡献相对较小。

1.2.4.3　温度收缩

温度收缩也称为冷缩，是指混凝土随温度下降而发生的收缩变形。水泥的水化热和环境的温度变化是引起温度收缩的主要原因。混凝土在刚浇筑完不久，由于水泥的水化反应而产生大量水化热，并通过边界把部分热量向四周散热。在早期，水泥水化速率快，放出的热量大于散发的热量，混凝土温度升高，按照一般的规律，每10kg 水泥产生的绝热温升为 $1.11 \sim 1.78 \, ℃$[42]。水泥水化速率随时间减慢，当发热量小于散热量时，混凝土温度便开始下降。混凝土在升温时发生膨胀，在降温时发生收缩。温度引起的变形有些是弹性的，随着温度的恢复变形也随之复原，但是非弹性的变形将成为混凝土早期变形来源之一。如果混凝土处于约束状态下，则温度收缩变形受到限制，就转化为温度收缩应力，很可能导致温度收缩裂缝。

1.2.4.4　化学收缩

化学收缩也称化学减缩，从水泥接触水的时刻就已经开始，是指混凝土内水泥和水的反应过程中反应生成物的绝对体积同反应前水泥和水的绝对体积之和相比而减少的部分[43]。水泥的化学收缩贯穿于水泥水化的全过程，它是引起自收缩的潜在动力。

化学收缩机理复杂，常常和自收缩、塑性收缩混淆。Breugel 的研究发现[44]，在不同的阶段，混凝土会表现不同的收缩形式，它们的关系如下所述：由于化学收缩的存在，水泥水化所形成的水化产物的体积小于水泥和水的总体积。在具有较大流动性时，混凝土通过宏观体积的减少来补偿化学收缩，这时化学收缩表现为部分塑性收缩。随着水泥水化的进行，混凝土的流动性逐渐降低，这时混凝土通过形成内部孔隙和宏观体积减小两种形式补偿化学收缩。随着水泥水化的进一步发展，混凝土产生一定的强度，这时混凝土主要通过形成内部孔隙来补偿化学收缩。内部孔隙的形成就标志着一部分的毛细孔已经变空。当试件与外界没有水分交换的情况下，由于内部孔隙的形成而产生的毛细管张力将使混凝土的宏观体积收缩，而这种收缩就是自收缩[30]。

1.2.4.5 碳化收缩

混凝土的碳化收缩是混凝土中的水泥水化物与空气中的 CO_2 发生化学反应的结果，该反应伴随着体积的收缩，即称为碳化收缩[26]。碳化的程度取决于混凝土的密度、质量、环境湿度和 CO_2 气体含量等因素，且一般局限于距表面 2cm 的范围内。Persson 研究发现[45]，硅粉的加入可能能够避免碳化收缩的发生。

1.2.4.6 塑性收缩

塑性收缩是指在混凝土拌和后一段时间内，由于水泥的水化反应，晶体结构逐渐形成，同时出现泌水和体积缩小，这时的体积缩小就称为塑性收缩，也称为凝缩。一般认为，塑性收缩与混凝土的失水速率有关，但是不同的学者得出的标准不一样，Paul 的研究表明[46]，当混凝土的失水速度小于 $1.0kg/(m^2 \cdot h)$ 时，混凝土不会产生塑性收缩裂缝；Almusallam 等人的试验结果表明[47]，在混凝土的失水速度为 $0.2 \sim 0.7kg/(m^2 \cdot h)$ 时，混凝土发生了塑性收缩裂缝；

Mangat 和 Azari 的研究表明[48]，掺加钢纤维能明显降低塑性收缩。

1.3 混凝土施工期仿真计算方法研究进展

1.3.1 混凝土温度和应力仿真计算方法

混凝土结构施工期的仿真计算就是对结构在外部因素和内部因素影响下进行温度和应力计算，分析结构温度和应力的时空变化。外部因素包括环境气温、施工过程和防裂方法等；内部因素包括绝热温升、导热系数和弹性模量等材料属性，无论内部因素，还是外部因素，都是随时间变化的函数。因此，精确仿真计算需要有精确的理论和算法来支持。

在混凝土温度场和应力仿真计算方面，国外起步较早，1968 年美国加州大学土木工程系教授 Wilson 为美国陆军工程兵团首先研制了一个大体积混凝土结构分期施工的二维温度场有限元仿真程序 DOT-DICE，并成功应用于德沃夏克坝（Dworshak）的温度场计算[49]。1985 年美国陆军工程兵团的工程师 Tatro 和 Schrader 进一步修改了该程序，将其用于美国第一座 RCCD——柳溪坝（Willow Creak）的温度场分析[50-52]，尽管采用的是比较简单的一维模型，但他们的方法是当时最先进的，该项研究成果被认为是温度场有限元仿真分析的第一份文献。1992 年，Barrett 等[53]介绍了三维温度应力计算软件 ANACAP，其创造性在于把 Bazant 的 Smeared Crack 开裂模型引入到温度应力的分析中，限于当时的计算机硬件水平，他们的计算是带有一种尝试性质的。但直到 1996 年以前，仿真计算规模仍然受到当时计算硬件水平限制，许多计算模型只能采用二维或三维大尺寸单元才得以实现。日本学者对混凝土的温控防裂也进行了较多的研究[54-55]。

国内因大量工程建设的需要，几十年来相关研究工作也一直没有停止过。国内学术界的主要代表为中国水利水电科学研究院的朱伯芳院士，半个多世纪来他先后结合自己的学术研究和工程应用成果两次撰写巨著[10]，起到引路和示范作用，大大提高了国内外同行研究工作的学术起点，为我国水利事业的快速发展做出了公认的重大贡献，是同行研究工作的导师。河海大学在20世纪70年代后期开始进行混凝土结构施工期温度场和应力场的计算分析工作[56-61]，"七五"期间曾结合国家自然科学基金与重点攻关项目先后承担了京杭运河船闸施工期温度应力计算及东风拱坝施工期温度应力与裂缝稳定分析；1990—1992年开发了小浪底水利枢纽进水塔从施工期到运行期全过程仿真模拟的三维有限元程序系统（TCSAP），并且将国际上流行的虚拟裂缝模型推广应用到长期变温荷载作用下的施工期软化开裂分析[58-61]。目前，中国水利水电科学研究院、河海大学、天津大学、清华大学、西安理工大学、武汉大学、大连理工大学、三峡大学等单位[62]都开展了混凝土温度应力方面的研究。

具体而言，丁宝瑛等[63]在温度应力计算中考虑材料参数变化的影响，比如温度对混凝土力学性能的影响、混凝土拉压徐变不相等时的影响等；中国水利水电科学研究院张国新教授[64]对MgO混凝土体积膨胀特性提出了考虑温度历程影响的热积模型，且在用边界元方法计算碾压混凝土坝结构方面取得了一些进展[65]；另外，张国新教授开发的saptis计算程序也是我国较先进的计算程序，已在我国多个重大工程成功运用；清华大学高虎和刘光廷教授[66]率先考虑了温度对弹性模量影响的拱坝施工期应力的仿真计算，得出温度对于弹模的影响对拱坝工程是一种不利因素的结论；黄淑萍等[67]较为深入地研究了碾压混凝土层面的温度徐变应力状况；刘光廷、麦家煊等[68,69]提出将断裂力学应用到混凝土表面温度裂缝问题的研究中，利用断裂力学原理和判据来分析在温度变化条件下混凝土表面裂缝性能和断裂稳定问题；曾昭扬等[70]系统地研究了碾压混凝土拱坝中的诱导缝等效强度、设置位置、开裂可靠度，其成果直接应用到正在施工的沙牌碾压混凝土拱坝中；赵代深、李广远[71-73]结合国家攻关项目在混凝土坝全过程多因素仿真方面取得了一些成果。李国润[74]研究了不同浇筑速度对温度应力的影响以及用现场测定的基岩各向异性热学参数分析混凝土基础温度徐变应力。北京航空航天大学黄达海和大连理工大学高政国等[75-77]结合沙牌碾压混凝土拱坝温度场进行过仿真计算，并推荐了上下层结合面初温的赋值方法。近年来，河海大学朱岳明教授[78-87]在温度应力仿真方面取得了大量研究成果，获得一些独到体会和见解，并已在多个大坝等大体积混凝土结构和渡槽等混凝土薄壁结构中获得圆满成功运用，具有成熟的工程应用经验。

随着计算规模的增大和计算精度要求的提高，在求解方面的难度也日益增大，为此，很多研究人员付出了巨大努力并取得了重大成果。针对碾压混凝土坝仿真计算工作量过大的问题，朱伯芳院士首先提出并层算法[88,89]，采用拟均质单元。王建江提出精度更高的"非均匀单元法"[90]，把阶梯形分布的材料参数简单近似地表示成单元局部坐标的连续函数，文献［91］、［92］提出的基于位移等效的等效连续模型，也能够加大有限元网格尺寸。文献［93］介绍的层合单元法中的坐标变换单元数学处理方法可使单元劲度或传导矩阵的计算精度得到进一步提高。朱岳明教授提出的"非均质层合单元法"大大提高了计算理论的严密性和仿真计算的效率和速度[94]；张建斌[95]针对碾压混凝土坝的施工过程，提出了碾压混凝土温度场有限元仿真计算的浮动网格方法，也是比较有效的。

1.3.2 混凝土水管冷却计算方法

自从美国垦务局于 20 世纪 30 年代率先在欧维希（Owyhee）坝进行了混凝土水管冷却的现场成功试验并在胡佛坝成功使用以来，这项技术在全世界得以推广应用，并成为一项重要的混凝土温控措施。

混凝土是热性材料，在混凝土浇筑后不久，由于水泥水化放热，混凝土的内部温度往往要升高 10～50℃，最高温度达到 30～70℃；同时，混凝土又是热惰性材料，导热性能很差，混凝土的天然冷却非常缓慢，对于混凝土坝，依靠天然冷却达到坝体稳定温度，常常需要几年、几十年甚至上万年的时间，这对需要接缝或封拱的坝体尤为不利，因此需要通过水管冷却来导出内部热量。冷却水管大多采用铁管，近年来塑料管也逐渐在工程中得到应用。在二滩拱坝曾采用过高强塑料管，并获得了成功。

水管冷却技术的精确计算和推广应用需要有理论上的支持，为此，国内外都进行了水管冷却的理论计算研究。在国外，美国垦务局研究了二期冷却的计算方法，用分离变量法得到了无热源平面问题的严格解答和问题的近似解答[96]。在国内，朱伯芳院士长期以来一直不间断地对这一问题进行研究，其中有一期冷却的计算方法，用积分变换得到了有热源平面问题的严格解答和空间问题的近似解答[97,98]，提出了水管冷却的有限元分析方法[99,100]，及考虑水管冷却的等效热传导方程[101]，该方法可以在平均意义上考虑水管冷却效果，得到近似温度场；蔡建波教授等采用杂交元法求解有冷却水管的平面不稳定温度场；为减少计算工作量，刘宁、刘光廷[102]提出在水管一定范围内采用子结构技术，并提出了水管周围单元的多种划分方法；麦家煊[103]则提出把冷却水管的解析方法和有限单元法结合起来计算，即在混凝土内部一定范围内采用解析解，而在边界处采用普通的有限单元法；朱岳明等提出了能精确仿真计算冷却水管问题的三维有限元计算法[104]；刘勇军提出了冷却水管仿真计算的自生自灭单元法[105]。

另外，国内外研究者根据冷却水管在实际工程中的应用，加大了对冷却水管技术的深入探讨。Stucky 和 Derron 研究过水管布置方式对冷却效果的影响[106]；朱伯芳研究过高温季节进行水管冷却的坝块表面保温问题[107]；董福品[108]用解析方法求得了考虑表面散热影响的水管冷却等效方法；丁宝瑛[109]讨论了大体积混凝土与冷却水管间水管温差的确定，指出如果两者温差过大，将可能导致水管周围出现裂缝；陆阳等[110]着重讨论了混凝土后期冷却的优化控制；赵代深等[111]对接缝灌浆水管冷却进行了研究。河海大学朱岳明教授也对混凝土中水管冷却效果进行了研究，利用精确算法对水管中冷却水的沿程水温增量进行研究，并通过仿真计算结果随时调整水管中冷却水的水温和流量，以达到结构的"和谐"变形，该方法在近 10 年来不断推广应用，都很成功。

随着冷却水管在工程中的应用推广，经验表明，塑料管的冷却效果得到越来越多的关注，朱伯芳对非金属水管的降温分析进行了讨论[112]，并提出了简化计算方法，在文献［113］中用理论方法讨论了塑料管的等效间距，在文献［114］中指出高温季节如不对表面保温，冷却水管对表面将很难达到规定的冷却温度；陈秋华等[115]进行了在RCC坝上应用塑料管的研究，得出水管冷却效果十分明显的结论；黎汝潮[116]在三峡工程进行了塑料管现场试验研究，冷却效果也比较明显。文献［117，118］介绍了塑料质管材在二滩拱坝和大朝山围堰中的应用。笔者研究塑料管在实际工程中的应用情况时发现，采用有限元仿真计算塑料管的冷却效果时，其边界应当视为第三类边界，但现有的文献中就如何定量确定其边界的散热效果这一问题时，并没有哪位学者提出简单、易行的理论方法。针对这一问题，河海大学朱岳明教授对塑料管的冷却效果和管径的关系进行了试验研究，发现冷却效果并不是管径越大越好，管径越大，管壁也就越厚，冷却效果反而越差。

1.4 混凝土温度参数反分析研究进展

1.4.1 反分析方法

反分析分为两类，即系统辨识和参数辨识。系统辨识是通过量测得到系统的输出和系统的输入数据来确定描述这个系统的数学方程，即模型结构。为了得到这个模型，我们可以用各种输入来试探该系统并观测其响应（输出），然后对输入-输出数据进行处理来得到模型。系统辨识又可分为"黑箱问题"和"灰箱问题"。"黑箱问题"又称完全辨识问题，即被辨识系统的基本特征完全未知，要辨识这类系统是很困难的，目前尚无有效的方法；"灰箱问题"又称不完全辨识问题，在这类问题中，系统的某些基本特征为已知，不能确切知道的只是系统方程的阶次和系数，这类问题比"黑箱问题"容易处理。

参数辨识是在模型结构已知的情形下，根据能够测出来的输入-输出来决定模型中的某些或全部参数。参数辨识是近几年发展较快的年轻学科，在各个领域都引起了重视。根据问题的性质和寻找准则函数极值点算法的不同，参数辨识法可分为正法和逆法。逆法和正法的求解过程相反，它是把模型输出表示为待求参数的显函数，由模型的量测量，利用此函数关系来反求待求参数。正法不是利用极值的必要条件求出参数，而是首先对待求参数指定初值，然后反复计算模型输出量，并和输出量测值比较，直到准则函数达到最小值。如果吻合良好，假设的参数初值就是要找的参数值，否则修改参数值，重新计算模型输出值，再和量测值进行比较直到准则函数达到极小值，此时的参数值即为所要求的值。

研究发现，正法和逆法都是寻求准则函数的极小点，但寻求的算法不一样。正法比逆法具有更广泛的适用性，它既适用于模型输出是参数的线性函数的情形，也适用于非线性的情况。逆法需要有较明确的解析解，正法可以采取数值解法，在实际运用中应用更为广泛[119]。目前，常用的正反分析方法有最小二乘法、阻尼最小二乘法、鲍威尔法、单纯形加速法、模式搜索法、变量轮换法[120]、复合形法、可变容差法[121]等，较新的发展较快的还有神经网络分析法[122]、摄动反演分析法[123]、遗传算法[124]等。

遗传算法是基于生物进化仿生学算法的一种，它建立于达尔文生物进化的"物竞天择，适者生存"的基本理论之上，是一种自适应概率性全局优化搜索算法，可处理设计变量离散、目标函数多峰值且导数不存在、可行域狭小且为凹形等优化问题。遗传算法作为一种智能化的全局搜索算法，自 20 世纪 80 年代问世以来便在数值优化、系统控制、结构优化设计、参数辨识等诸多领域的应用中展现了其特有的魅力。

1.4.2　温度参数反分析

混凝土热学参数的选取一般都是通过专用绝热温升仪进行试验或者用经验公式进行计算。试验仪器不但价格昂贵，而且受室内环境条件的限制，试验参数很难反映施工现场混凝土的真实性能；经验公式计算的热学参数又往往和实际情况有较大出入。为了克服这些缺陷，需要有一种方便、准确、快捷的方法来达到参数识别的目的，混凝土热学参数的反分析便应运而生。在混凝土温度参数的反分析中，参数主要包括混凝土绝热温升、导热系数、导温系数、比热和边界热交换参数等。

对于混凝土热学参数的反分析，国内很多学者进行了研究并取得了较大成果。河海大学朱岳明[125]教授利用试验结果，采用阻尼最小二乘法对温度场的绝热温升计算参数、导热系数、表面热交换系数进行反演计算。张宇鑫等[126]采用遗传算法对混凝土的绝热温升参数、导温系数和表面热交换系数进行了反演分析，采用最优保护策略和二点交叉，对适应性函数进行拉伸的方法对基本的遗传算法进行改进，并用于温度场参数的反演分析[127]。李守巨[128]将热传导反问题作为非线性优化问题处理，建立了基于模糊理论的混凝土热力学参数识别方法，并分析了混凝土热力学参数识别结果的统计特性。文献［129］采用可变容差法对混凝土的温度特性参数进行了反演分析。文献［130］采用最小二乘法对基于等效时间的混凝土绝热温升模型中的相关计算参数进行了反演分析。文献［131～134］将 Bayes 参数估计理论引入大体积混凝土不稳定温度场热学参数随机反演问题，建立了可考虑时间累计效应的 Bayes 参数反演误差函数，并将优化理论中的变尺度法应用于该反演问题。文献［135］基于人工神经网络的方法，建立了碾压混凝土坝施工期热学参数反馈分析模型。文献［136］将单调变化的环境温度以较小的时间步长分段线性化，利用叠加原理，提出了混凝土热学参数反分析的新方法。文献［137］采用复合形法对带冷却水管的混凝土热学参数进行了反演分析。

综上所述，遗传算法在混凝土热学参数反问题求解中具有精度高、反演快的优越性，是先进算法之一，克服了传统的梯度优化方法搜索速度随反演参数增多呈级数减慢、容易陷入局部极值点和误差传递导致不收敛等缺点。另外，该方法成为替代室内试验和经验公式选取热学参数的有效途径，值得在工程中推广应用。

1.5　施工期温控防裂方法研究进展

随着高性能混凝土被越来越多地应用，研究人员和工程技术人员逐渐认识到高性能混凝土温控防裂的重要性和高难度性，毕竟是它在混凝土材料特性和施工工艺上与普通混凝土大有不同，防裂方法的要求也大大提高。要制定适时合理的温控防裂方法，必须搞清楚施工期裂缝形成机理，进而制定相应措施。工程经验表明，温度和收缩是高性能混凝土温控防裂方面最突出的两个问题，防裂方法的制定主要针对这两个问题进行。

从混凝土裂缝形成机理来看，研究人员很早就认识到施工期裂缝主要是由于混凝土的收缩变形引起的，随着技术的进步和科技的发展，人们对裂缝的产生机理的认识越来越清楚。20世纪30年代在北美一座大坝的施工过程中，人们就已经认识到大体积水工混凝土会因水泥水化放热而产生明显的温升，并在降温过程中因体积收缩而产生开裂。此后又发现大面积混凝土结构若失水收缩也会出现显著的裂缝，并开始根据施工经验采取掺火山灰、浇水、潮湿覆盖养护等预防措施[138]。RILEM TC-119委员会开展了对混凝土早期温度收缩和抗裂性的研究[139]，对混凝土的绝热温升、温度应力、开裂敏感度试验方法、混凝土早期性能、约束情况、应力计算以及防止混凝土早期裂缝措施等方面进行了全面而系统的研究。加拿大的Cussion[140]等以桥梁的混凝土防护栏作为研究对象，利用ACI规范中提供的公式计算其外部约束，分析早期混凝土的抗拉强度、收缩、温度等，并利用叠加原理计算了混凝土总拉应力与时间的关系，从而对早期混凝土的开裂进行了估算。在他们的研究中，其模型主要考虑的是龄期为3d的混凝土自收缩，而忽略了塑性收缩和干缩。

在国内，王铁梦[141]对工程结构中产生的裂缝问题进行了长期的观测以及系统的研究，在混凝土早期抗裂性方面做出了卓有成效的工作。在他的研究中，通过总结大量的工程实践，首次发表了有关现场结构温度收缩应力的实测研究结果。对由于干燥收缩、温度收缩等引发的结构开裂尤其是早期开裂提供了大量的实测资料，并总结了早期开裂的形成规律，收缩应力、温度应力的计算方法，对大体积混凝土结构的早期减缩抗裂等都进行了系统的研究，为国内在混凝土早期减缩抗裂方面的深入研究提供了相应的技术和理论支持[138]。

　　从温控防裂方法来看，国外在大体积混凝土结构温度研究及温度控制系统研究方面起步较早。根据美国 1938 年 3—4 月 ACI 第 34 卷中提供的资料，波尔德坝采取的温控措施包括分缝均为 15m，水泥用量为 223kg/m³，采用低热水泥，浇筑层厚 1.5m 并限制间歇期，以及预埋冷却水管，进行人工冷却等。稍后建筑的大古力坝，除采用改良水泥外，其余温控措施和波尔德坝相同。它们和 1932 年建成的奥威海坝相比，在每英尺长度上，出现裂缝的长度，奥威海为 0.75m，大古力为 0.56m，波尔德为 0.22m，没有出现破坏整体的贯穿裂缝。从美国"垦务局对拱坝裂缝控制的实施"（ASCE，1959 年 8 月）和"TVA 对混凝土重力坝的裂缝控制"（Power Division，1960 年 2 月）中可以看出，美国在对水工大体积混凝土温控防裂方面，在 20 世纪 60 年代初已经逐渐形成了比较定型的设计、施工模式，其中包括采用水化热较低的水泥和高水灰比混凝土、限制浇筑层厚度和最短的浇筑间歇期、人工冷却降低混凝土的浇筑温度、预埋冷却水管和对新浇混凝土进行保温并延长养护时间等措施。到 20 世纪 60 年代末 70 年代初，美国陆军工程师兵团建造的工程基本上做到了不出现严重危害性裂缝。苏联、巴西等国对大体积混凝土的温度控制标准、温度控制措施及裂缝问题也做了深入的探讨[142]。苏联到 20 世纪 70 年代建造的托克托古尔重力坝时，采用了"托克托古尔法"，也宣告在温控防裂方面获得成功[143]。此法的核心就是得用自动上升的帐篷创造人工气候，冬季保温，夏季遮阳，自始至终在帐篷内浇筑混凝土。

　　我国在温控防裂方面起步相对较晚，朱伯芳院士在这方面做了大量的工作，并取得了很大成就。之后，中国水利水电科学研究院的张国新也在温控防裂方面做了大量的研究工作[144-146]。在1955年建设响洪甸拱坝时，首次采用水管冷却、薄层浇筑，建成后裂缝不多[147]。在60年代兴建、70年代建成的丹江口水电站建设初期，出现了大量裂缝，后采取了严格控制基础温差、新老混凝土上下层温差和内外温差；严格执行新浇混凝土的表面保护；提高混凝土的抗裂能力等措施，没有再发现严重危害性裂缝或深层裂缝。结合坝高168m的东风双曲拱坝，对高混凝土坝的裂缝与防治进行了系统研究[148]，研究了混凝土原材料、配合比对混凝土抗裂性能的影响，提出了东风拱坝混凝土最优配合比，并把大掺量粉煤灰高强度混凝土应用于该高坝中；研究了混凝土断裂参数的尺寸效应和裂缝扩展的全过程；研究成功新型混凝土裂缝无损检测仪器、低温混凝土生产新工艺、新型保温保湿材料和通水冷却改性胶管等；在国内首次研究了混凝土高拱坝施工和运行全过程仿真，预报温度和应力的变化；研究了水库水温演变数学模型及计算程序等。河海大学的朱岳明教授从混凝土结构的裂缝形成机理入手，提出了相应的防止措施和方法，尤其是表面保温和内部降温的联合防裂方法，并在多个大坝、水闸、泵站、渡槽等重大工程中应用，都取得很好的防裂效果[149-152]。

随着材料科学的发展，温控措施如果从材料方面进行突破无疑是一种根本上的措施。MgO微膨胀混凝土筑坝技术是近年来较为广泛关注的一个课题，在该领域吴中伟院士是我国的先驱，他在膨胀混凝土的性能、补偿收缩原理及模式和膨胀混凝土的应用设计方面提出了许多独特见解和理论方法[153,154]，在工民建等领域的很多工程中得到运用。中国水利水电科学研究院的朱伯芳院士、丁宝瑛和张国新在掺氧化镁混凝土温度补偿收缩计算方面也取得一定进展[155-18,210-212]，李承木提出一个任意温度下的体积变形经验公式[159]，梅明荣也在该领域做了一些尝试性的研究工作[160]，并取得一定的成就。但目前就MgO膨胀机理的认识还不够深入，存在变形安定性问题，且在如何掺、掺多少等问题方面仍存在分歧，补偿收缩混凝土在水工领域中的广泛应用仍有很多的工作要做，目前仍不成熟，处于不断完善的阶段。

混凝土性脆而其易裂，一旦产生裂缝，承重能力也就会消失，针对这一问题，纤维混凝土的产生是一种技术上的突破。纤维混凝土是一种复合材料，是指由若干种不同材料组合而成，可最大限度地发挥出各种材料独自特性并赋予整体以单一材料所不具备的优良特性。混凝土本身就是复合材料，而纤维增强混凝土只不过是在混凝土的各种原有组分中又增加了一种组分而已[138]。纤维混凝土在抗拉、抗弯和抗剪性能方面相对普通混凝土都有所提高，且随着掺量的增加，抗裂性能也逐渐提高，因而对由于收缩等因素引起的早期裂缝有较好的抑制作用，但是就工程应用而言，意义不大。

综上所述，施工技术的改进、混凝土新材料的研发和应用、试验设备的更新等，对于控制温度升高、减小收缩变形、抑制裂缝产生将具有重要意义，在水工混凝土温控防裂问题上将会结束"无坝不裂"的历史。

1.6　主要研究内容

针对混凝土结构施工期容易开裂这一问题，结合高性能混凝土的特性和混凝土薄壁结构的特点，在他人研究的基础上，这里主要就以下几个问题进行研究：

（1）高性能混凝土热学和力学参数。水工混凝土薄壁结构大都采用高性能混凝土，而高性能混凝土在材料组合和温度特性方面与普通混凝土有所不同，尤其是其矿物掺合料多、混凝土温升高。因此，在阐述高性能混凝土温度特性和应力特性的基础上，研究了矿物掺合料和温度对混凝土热学和力学参数的影响，同时也研究了不同矿物掺合料对水化度的影响程度。

（2）混凝土热学参数试验和反分析。混凝土热学参数的选取一般都是需要通过仪器进行测定或者用经验公式进行计算。但至今对某些参数的测定还缺少专用的仪器，此外，试验仪器不但价格昂贵，而且受室内环境条件的限制，试验参数很难反映施工现场混凝土的真实性能；经验公式计算的热学参数又往往和实际情况有较大出入。针对这一问题，利用混凝土立方体和长方体试验，通过对实测温度数据进行反分析，从而获得反映混凝土真实性能的热学参数，再进行仿真计算的反馈研究，指导后续施工。

另外，根据混凝土热学参数试验，对混凝土表面在不同方位时风速对其热交换系数的影响进行了研究，研究结构的竖直面和水平面的热交换系数受风速影响规律，并提出各自随风速变化的数学表达式。

（3）混凝土的水管冷却问题。水管冷却技术作为大体积混凝土的主要温控措施之一，在世界上被广泛应用。尝试把大体积混凝土结构的水管冷却技术应用到水工混凝土薄壁结构中，并用有限单元法实现了水管冷却的精细求解，且可以严密地用于蛇形弯管的精确计算。

水工混凝土薄壁结构复杂、型式单薄，一般属多次超静定结构，不同部位之间相互约束明显；同时，冷却水管的冷却效果受冷却水温和流量的影响显著。鉴于此，利用温度测点的动态监控和仿真计算结果，通过随时调整冷却水管的冷却水温和流量来控制结构各部位的变形，使结构的不同部位之间能实现"和谐变形"，最大限度地减小相互约束。

（4）混凝土薄壁结构的裂缝成因和防裂方法。针对混凝土薄壁结构的特点，阐述了施工期裂缝的形成机理，认为早期的内外温差和后期的基础温差是产生裂缝的主要原因，而不同阶段的裂缝启裂和发展过程又大相径庭，并从材料和施工技术层次上介绍了各自相应的防裂措施；提出了适度表面保温和内部水管冷却相结合的混凝土温控防裂新思路；研究了寒潮冷击和昼夜温差对混凝土薄壁结构的影响规律；阐述了钢筋对混凝土温控防裂的利弊。

（5）工程应用研究。对亚洲大型河口大闸进行了温控防裂研究，分析施工期大闸的温度和应力时空变化规律，确定了应用"表面保温＋内部降温"这一新的温控防裂方法，并提出钢模板外贴保温材料这一创新性表面保温技术。

对国内某大型输水渡槽——南水北调某渡槽进行了仿真计算，研究了渡槽裂缝成因，并提出了相应的温控防裂措施；对温控参数进行了敏感性分析，确定了不同温控参数的影响程度和特征，从而确定了不同阶段不同部位影响温度应力的主要因素，避免了对次要影响因素的过多计算，为后续仿真计算的准确把握提供了技术保障。

另外，提出了"混凝土热学参数反演分析＋温控参数敏感性分析→施工反馈分析→施工防裂方法"这一新的研究思路，并在多个大坝、水闸、泵站、渡槽等重大工程中圆满成功应用。该方法值得在工程中应用推广。

第2章
高性能混凝土的热学和力学特性

2.1 概述

在南水北调工程和西电东送工程中，有很多水工混凝土薄壁结构，这类结构其所处环境条件恶劣，受力又比较复杂，包括水压力、盐水侵蚀、沙泥压力、地震荷载、渗透压力、冰冻荷载以及自重等，混凝土需要具有很高的耐久性和抗渗性等，因此大都采用高性能混凝土。与普通混凝土相比，高性能混凝土强度高、耐久性好，但单位体积的水泥用量较多，施工期产生的水化热较大，混凝土温升高，体积变化大，同时结构又属于薄壁结构，很容易产生早期收缩裂缝。因此，对高性能混凝土的热学和力学性能研究就成为必然。

为了提高混凝土的耐久性、抗渗性、体积稳定性和工作性等，高性能混凝土往往掺有大量矿物掺合料（粉煤灰、矿渣和硅粉等）。这些掺合料的热学和力学特性与水泥有较大差别，对混凝土的绝热温升、强度、弹性模量、徐变等热学和力学有重要的影响，而绝热温升等参数又是混凝土温控防裂研究的控制性参数。因此矿物掺合料对高性能混凝土的热学和力学参数的影响研究就成为温控防裂的基础。

2.2 高性能混凝土的热学特性

混凝土结构温度场的精确计算依赖于混凝土的热学参数准确与否，不同配合比的混凝土热学参数不同。高性能混凝土为了满足其特殊性能要求往往掺入矿物质，矿物掺合料的加入使混凝土热学性能异常复杂；同时高性能混凝土水化反应剧烈，混凝土温升高，温度对混凝土热学参数的影响规律也不可忽视。

2.2.1 高性能混凝土的绝热温升

2.2.1.1 矿物掺合料对绝热温升的影响

（1）粉煤灰对绝热温升的影响。水泥的水化作用是一种放热反应，由于放热而使混凝土的温度升高。Kishi 和 Maekawa 的研究发现，以部分粉煤灰代替部分水泥，混凝土中掺合粉煤灰可以减小总水化反应热量和水化反应速度，降低混凝土的绝热温升，进而降低混凝土的温度峰值、延缓峰值的到达时间。粉煤灰含量对混凝土水化反应的影响见图 2.1。$Ca(OH)_2$ 是水泥和水反应生成的，当遇到粉煤灰和水时就会生成钙-硅酸盐物质，见式（2.1），这种物质使混凝土结构密实、渗透性降低，然而这种反应较慢，且需要足够的水方能确保反应进行。

$$粉煤灰 + Ca(OH)_2 + H_2O \rightarrow C-S-H \qquad (2.1)$$

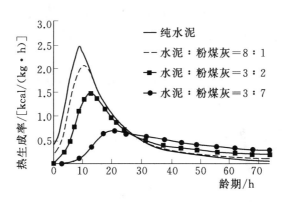

图 2.1 粉煤灰含量对混凝土水化反应的影响[14]

粉煤灰类型、细度不同，对绝热温升的降低程度也不一样，低钙粉煤灰与高钙粉煤灰相比，更能降低升温速率（图 2.2）。当然，水胶比、温度和水化程度对粉煤灰的影响机理复杂，较难理解。采用粉煤灰代替部分水泥，在大体积混凝土中降低混凝土的绝热温升

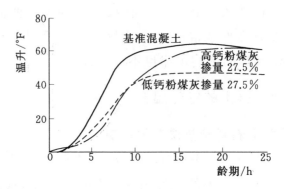

图 2.2　粉煤灰类型对混凝土温升的影响[14]

是很重要的,否则会由于温升过大而造成混凝土的开裂[163]。

（2）矿渣对绝热温升的影响。高性能混凝土由于掺入了大量的矿渣,其绝热温升规律不同于普通混凝土,当矿渣和水接触时,其水化反应时间较长,因此影响到混凝土的水化热。矿渣对混凝土绝热温升的影响曲线见图 2.3,从图上可以看出,矿渣的掺入能有效降低混凝土的早期放热速度和放热量。但含矿渣的水泥曲线上热峰值的发生时间和不掺矿渣水泥的热峰值发生时间是一样的,因此可以看出,矿渣的掺入不会延缓水泥的水化反应。掺入大量矿渣对大体积混凝土的温控和防裂是有利的。

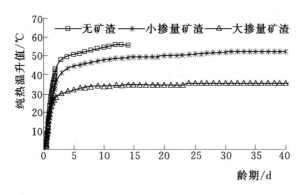

图 2.3　矿渣对混凝土绝热温升的影响曲线[164]

（3）硅粉对绝热温升的影响。硅粉（Silica Fume,简写 SF）又称硅灰,是铁合金厂在冶炼硅铁合金或金属硅时,从工厂烟尘中收集的一种超细粉末，是在埋电弧炉中用焦炭或木片将石英还原为单质硅，其蒸气在低温区氧化成 SiO_2 并凝聚成的无定形的球状玻璃颗粒，称为凝聚灰。硅粉的比表面积达 $2 \times 10^5 cm^2/g$ 以上，平均粒径小于 $0.1 \mu m$，比水泥颗粒低两个数量级。用于混凝土的硅粉，SiO_2 的含量应大于 90%，其中活性的 SiO_2 达 40% 以上[165]。

硅粉有助于降低单位体积混凝土的水泥用量，从而减小水泥水化热量和温度应力，硅粉掺量 $0 \sim 10\%$，对水化热的影响可以忽略；硅粉掺量 15%，混凝土绝热温升降低 $2 \sim 3℃$，但由于硅粉掺量的提高会使需水量增大，进而增加混凝土的自收缩，因此，一般硅粉掺量为 $5\% \sim 10\%$[166]，并用高效减水剂来调节需水量。对于大体积混凝土结构，掺加硅粉是配制特贫混凝土的重要手段之一。

硅粉具有较高的活性，在国外被广泛用于高强高性能混凝土中，在我国，由于其产量低、价格高，出于经济的原因，一般在混凝土强度低于 80MPa 时，都不考虑掺加硅粉。

（4）高效减水剂对绝热温升的影响。为了配制高强高性能混凝土，要有一定的超细矿物掺合料来改善混凝土配合比，而这些超细矿物掺合料的效果，要通过同时掺入高效减水剂来实现。高效减水剂具有较强的分散作用，其减水率可以达到 30% 以上，在水泥用量大或者水泥颗粒相对较细时，分散作用更为显著。高效减水剂是高性能混凝土不可缺少的组成材料之一。

在混凝土配合比不变的情况下，可以通过适当调整减水剂的掺量来调整混凝土坍落度。增加减水剂掺量，混凝土的流动性（坍落度）增大，胶凝材料颗粒能更好地分散于水中，促进了水化反应的持续进行，使水泥的水化程度提高，因此混凝土的绝热温升也随之增加（图 2.4）。但减水剂具有一定的缓凝作用，延迟了水化反应，使流动性好的混凝土的初期绝热温升和温升速率相对较低。

2.2.1.2 温度对绝热温升的影响

混凝土绝热温升不仅与龄期有关，还与自身温度和温度历程或成熟度有关，且由于高性能混凝土水灰比低、水化热大、绝热温升高，温度对混凝土绝热温升的影响不容忽视。鉴于此，在他人工作

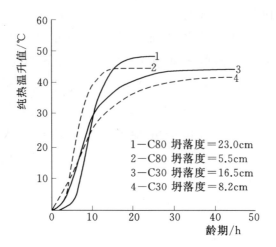

图 2.4　高效减水剂对绝热温升的影响[167]

的基础上，列出一种新的基于水化度的混凝土绝热温升计算模型，以更全面地描述混凝土的水化放热特性。

（1）水化反应速率与温度的关系。水泥的水化反应是放热反应，随着水化反应的进行，混凝土内部温度将发生变化，温度的改变又会对水泥的水化反应产生重要影响。研究表明，水化反应速率随温度的升高而加快，且服从如下 Arrhenius 函数[168]：

$$k(T) = A e^{-\frac{E_a}{RT}} \qquad (2.2)$$

式中：$k(T)$ 为水化反应速率；A 为常数；E_a 为混凝土活化能，J/mol；R 为气体常数，J/(mol·K)；$R = 8.3144$ J/(mol·K)；T 为混凝土的绝对温度，K。

由式（2.2）可以看出，在温度分别为 T_1 和 T_2 时，水化反应速率之比 k_1/k_2 可以表示为

$$\frac{k_2}{k_1} = \exp\left[\frac{E_a}{R}\left(\frac{1}{T_1} - \frac{1}{T_2}\right)\right] \qquad (2.3)$$

当温度高于 10℃时，普通水泥的活化能 E_a 可以近似地取为 63552J/mol（$E_a/R = 7640$K）。从式（2.3）得出，当水化温度分别为 10℃、20℃、30℃、40℃时，水泥水化反应速率比（k_2/k_1）分别为 2.51、5.94、13.30、28.31。也就是说，温度对普通水泥水化反

应速率有很大的影响，早期混凝土的温度发展大大依赖于混凝土的温度历史。

（2）等效龄期成熟度。成熟度函数的发展经历了一个长期的过程。1951 年，Sau[169] 建议成熟度函数表示为温度与龄期的乘积，且认为，对于同种配比的混凝土而言，无论其养护温度和龄期如何，只要成熟度相同，则混凝土的强度也相同，这就是成熟度的核心思想。基于这种思想，Bergstorm 于 1953 年提出如下成熟度函数[170]：

$$M = \sum_0^\tau (T - T_0)\Delta\tau \tag{2.4}$$

式中：M 为成熟度；τ 为混凝土龄期；$\Delta\tau$ 为计算时段；T 为 $\Delta\tau$ 时段内的混凝土平均温度；T_0 为参考温度。

从 Arrhenius 函数可知，混凝土温度对强度产生影响的本质在于对水化反应速率的影响，式（2.4）表示的成熟度函数在一定程度上能够反映混凝土温度与龄期对强度发展的影响，但并不能从本质进行描述，有一定的局限性。

随着 Arrhenius 函数逐渐被人们接受，基于该函数的成熟度方法被广泛采用，在描述混凝土强度的同时，也更多地被用来反映混凝土的水化反应等热学特性。

Hansen 和 Pedersen 于 1977 年提出基于 Arrhenius 函数的等效龄期成熟度函数[171,172]，形式如下：

$$t_e = \sum_0^t \exp\left[\frac{E_a}{R}\left(\frac{1}{273 + T_r} - \frac{1}{273 + T}\right)\right]\Delta t \tag{2.5}$$

式中：T_r 为混凝土参考温度，℃，一般取 20℃；T 为时段 Δt 内的混凝土平均温度，℃；t_e 为相对于参考温度的混凝土等效龄期成熟度，d。

之后，Hansen 和 Pedersen 对上述模型进行完善，从而建立如下积分形式的等效龄期成熟度模型：

$$t_e = \int_0^t \exp\left[\frac{E_a}{R}\left(\frac{1}{273 + T_r} - \frac{1}{273 + T}\right)\right]dt \tag{2.6}$$

该模型即为在国外较为普遍采用的等效龄期成熟度模型，具体计算时，可离散为式（2.5）的形式。

运用等效龄期成熟度方法，可以采用等效龄期的方式将不同养护温度条件下的水泥水化过程转化为恒定的参考温度下的水泥水化过程，从而可以比较不同温度历史过程时混凝土的水化反应状态和热力学特性。

（3）水化度。水化度即水化反应程度，亦即与胶凝材料完全水化的状态相比，某一时刻水化反应所达到的程度。水化度的表达方式有多种，随研究内容的不同而不同，研究混凝土水化放热特性主要采用基于水化放热量的水化度表达式，研究强度特性则主要采用基于抗压强度发展的水化度表达式。基本的水化度公式如下：

$$\alpha(\tau) = \frac{W_c(\tau)}{W_\infty} \tag{2.7}$$

式中：$\alpha(\tau)$ 为龄期 τ 时的水化度；$W_c(\tau)$ 为龄期 τ 时累积参加水化反应的胶凝材料量，kg；W_∞ 为胶凝材料总量，kg。

在实际水化过程中，胶凝材料不可能完全参加水化反应，因此当 $\tau \to \infty$ 时，$\alpha(\tau) \to \alpha_u$（$\alpha_u$ 为 $\tau \to \infty$ 时的最终水化度，$\alpha_u < 1$）。这样的水化度定义便于理解，但从研究的角度来讲，水化反应最终结束时参加反应的胶凝材料量比胶凝材料总量更有意义。为此，可作如下定义：

$$\alpha(\tau) = \frac{W_c(\tau)}{W_\infty} \tag{2.8}$$

式中：$\alpha(\tau)$ 为龄期 τ 时的水化度，当 $\tau \to \infty$ 时，$\alpha(\tau) \to 1$；$W_c(\tau)$ 为龄期 τ 时累积参加水化反应的胶凝材料量，kg；W_∞ 为最终参加水化反应的胶凝材料量，kg。

由于单位质量胶凝材料所产生的水化热不变，因此可采用水化放热来定义水化度，如下所示：

$$\alpha(\tau) = \frac{Q(\tau)}{Q_u} \tag{2.9}$$

式中：$Q(\tau)$ 为龄期 τ 时的累积水化反应放热量，J；Q_u 为最终水化放热量，J。

混凝土的水化放热特性可通过绝热温升来体现，根据其热学特

性，有

$$Q(\tau) = c\theta(\tau), \quad Q_u = c\theta_u$$

式中：c 为混凝土比热，kJ/(kg·℃)；$\theta(\tau)$ 为龄期 τ 时的混凝土绝热温升，℃；θ_u 为混凝土最终绝热温升，℃。

从而建立基于混凝土绝热温升的水化度表达式：

$$\alpha(\tau) = \frac{\theta(\tau)}{\theta_u} \tag{2.10}$$

由式（2.10）可知，和混凝土绝热温升一样，水化度受混凝土材料组成、自身温度的影响。对于同种混凝土而言，不同的龄期和温度历史，水化度也不同。进一步讲，混凝土的绝热温升完全可以用水化度来描述。

（4）基于水化度的混凝土绝热温升模型。由式（2.10）可知，$\theta(\tau) = \theta_u\alpha(\tau)$，同理，有

$$\theta(\alpha(t_e)) = \theta_u\alpha(t_e) \tag{2.11}$$

式中：$\theta(\alpha(t_e))$ 为基于水化度的混凝土绝热温升，℃。

在上述分析比较的基础上，文献［173］提出如下三种基于水化度的绝热温升模型：

1）指数双曲线式：

$$\theta = \theta(\alpha(t_e)) = \theta_u \left[\frac{t_e^m}{n + t_e^m} \right] \tag{2.12}$$

2）复合指数式一：

$$\theta = \theta(\alpha(t_e)) = \theta_u \mathrm{e}^{-mt_e^{-n}} \tag{2.13}$$

3）复合指数式二：

$$\theta = \theta(\alpha(t_e)) = \theta_u(1 - \mathrm{e}^{-mt_e^n}) \tag{2.14}$$

（5）水泥组分和掺合料对水化度的影响。水化度的发展受水泥组分、水泥细度、矿物掺合料和混凝土配合比的影响。由于高性能混凝土水泥含量高，矿物掺合料多，它们对水化度的影响不可忽视。国内外试验资料显示，混凝土中的水泥不可能完全水化，这直接影响到水化反应的总热量，进而影响到混凝土的温度，但最终水化度不受养护温度的影响。

混凝土不同组分对水化度的影响程度见表 2.1[14]，从表中可以看出，随着水泥组分 C_3A、C_3S 和 SO_3 含量的升高，水化反应速率增大，敏感性分析而言，SO_3 对水化速率的影响最为显著，其次是 C_3A；水泥细度越大，水化反应开始越早，且水化反应速率越大。

表 2.1　　　　　混凝土不同组分对水化度的影响程度

参数	含量变化	对水化度的影响		
		开始阶段	斜率	最终值
C_3A	↑			
C_3S	↑			
SO_3	↑			
水泥细度	↑			
低钙粉煤灰	↑			
高钙粉煤灰	↑			
矿渣	↑			
水胶比	↑			
碱性	↑			

矿物掺合料方面，随着粉煤灰含量的提高，水泥的水化反应虽有所延缓，但最终水化度却有所提高；矿渣含量的增加对降低水化速率效果明显，但随着含量的增加，最终水化度提高。当然，矿物掺合料对水化度影响还受矿物成分和类型的影响。

随着水胶比的增大，水分含量相对富余，水化速率增大，但增长幅度较小。最终水化度由于相对水分充足而增大。

（6）算例。为进一步验证上述计算模型的可靠性，采用指数双曲线式（2.12）对文献［174］不同初始温度下的绝热温升试验结果进行拟合，拟合得

$$\theta = 39 \frac{t_e^{0.7316}}{3.258 + t_e^{0.7316}} (℃)$$

式中：$t_e = \int_0^t \exp\left[4789\left(\frac{1}{273+T_r} - \frac{1}{273+T}\right)\right] \mathrm{d}t$ 。

拟合结果与试验数据的比较见图 2.5。从图上看，采用不同初始温度下的混凝土绝热温升数据与拟合曲线吻合得较好，也进一步说明采用上述模型来更全面地描述不同温度和温度历程下的混凝土绝热温升过程是切实可行的。不同初始温度下的绝热温升见表 2.2。

表 2.2　　　　　　　　　不同初始温度下的绝热温升[174]

初始温度/℃	1d	3d	7d	28d	90d
4.4	4.6	13.6	21.0	32.0	36.4
23.3	12.0	22.2	30.9	35.0	37.7
40.0	20.9	30.9	34.3	37.5	39.0

总之，采用前述几种基于水化度的混凝土绝热温升计算模型，能够同时考虑温度和龄期对混凝土水化放热的影响，将不同浇筑温度和温度历程的绝热温升过程用相同的函数来描述能更全面、真实地反映混凝土的水化放热过程，提高混凝土温度场分析研究的水平和数值模拟的可靠性。模型形式简单，物理意义明确，便于程序实现，具有很好的推广应用价值。

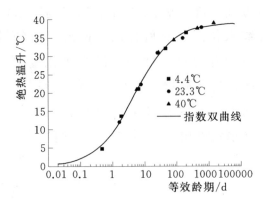

图 2.5　指数双曲线模型对文献［174］试验数据拟合结果

2.2.2　高性能混凝土的热胀系数

混凝土的热胀系数（线胀系数）在混凝土的热学特性参数中占有重要地位，因为这个参数是用来计算由于温度变化引起的应力。热胀系数的大小依赖于混凝土配合比和温度变化期间的水化程度。目前，在国内的混凝土温控防裂研究中，均未考虑水化反应对热胀系数的影响，而将其作为常数。事实上，在混凝土的水化反应过程中，热胀系数是变化的，为提高仿真计算的可靠度，需要对这种变化进行描述。国外在这方面的研究相对较多，但大都停留在试验阶段，尚未形成统一的计算模型。在目前研究的基础上，尝试提出考虑水化反应的混凝土热胀系数计算模型。

混凝土主要有骨料和水泥浆体组成，两者有不同的热胀系数。浆体的膨胀系数主要受湿度大小和湿度分布的影响，变化范围一般是 $11 \times 10^{-6} \sim 20 \times 10^{-6} / ℃$；骨料的热胀系数主要受其矿物组分的影响，变化范围一般是 $6 \times 10^{-6} \sim 14 \times 10^{-6} / ℃$。混凝土的热胀系数是两者的综合反映，但由于混凝土的重量主要有骨料体现，所以混凝土的热胀系数更接近骨料的热胀系数。对高性能混凝土而言，由于其较低的含水量和较高的密实度，其热胀系数约比普通混凝土低 20%，且比普通混凝土对湿度更加敏感。

对于同一种混凝土而言，在浇筑初期的液态阶段，热胀系数较大，随着水化反应的进行和混凝土内部骨架的形成，热胀系数快速减小，1d 以后，混凝土的热胀系数就不会再发生显著的变化，混凝土线胀系数变化过程见图 2.6。

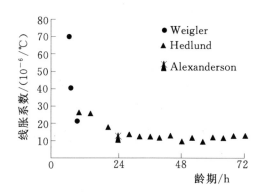

图 2.6　混凝土线胀系数变化过程[42]

从图 2.6 看（图中三种不同类型表示三位研究者的试验结果），Weigler 所得到的混凝土线胀系数变化幅度最大，浇筑初期最大值约为 $70 \times 10^{-6}/℃$，之后快速下降至 $20 \times 10^{-6}/℃$；Alexanderson 所得到的仅为 24h 时的线胀系数，约为 $12 \times 10^{-6}/℃$；Hedlund 的研究结果较为完善，初期混凝土的线胀系数约为 $25 \times 10^{-6}/℃$，之后开始快速减小，24h 以后基本稳定在 $10 \times 10^{-6}/℃$。

关于早期混凝土线胀系数的变化幅度，目前尚未形成统一认识，但在早期水化阶段混凝土线胀系数快速减小，是不争的事实。这种变化对早期混凝土温度应力的计算会有一定的影响。另外，线胀系数的变化是和混凝土水化反应以及温度有关的，温度越高，水化反应速度越快，线胀系数变化会越迅速，并较早地趋于稳定；反之，温度越低，线胀系数变化越慢，稳定所需时间越长。基于此，采用和泊松比计算模型类似的形式，来描述混凝土线胀系数随水化反应变化的过程[173]，具体如下：

$$\alpha_T(t_e) = \alpha_{T_0} + (\alpha_{T_\infty} - \alpha_{T_0})\alpha(t_e) \tag{2.15}$$

$$\alpha(t_e) = \left[\frac{t_e^m}{n + t_e^m}\right] \tag{2.16}$$

式中：$\alpha_T(t_e)$ 为基于水化度和等效龄期的混凝土线胀系数；α_{T_0} 为混凝土初始线胀系数；α_{T_∞} 为最终线胀系数；$\alpha(t_e)$ 为基于等效龄期的水化度；m、n 为常数。

根据图 2.6 所示 Hedlund 的试验结果，在 20℃的标准养护条件下，取 $\alpha_T(t_e)=25+(10-25)\dfrac{t_e^{2.612}}{0.202+t_e^{2.612}}$，单位：$10^{-6}/℃$，可得如图 2.7 所示混凝土线胀系数变化过程。从图 2.7 来看，混凝土线胀系数变化过程和 Hedlund 试验结果比较吻合，说明采用提出的混凝土线胀系数计算模型来描述线胀系数随水化反应变化的过程是基本可行的。

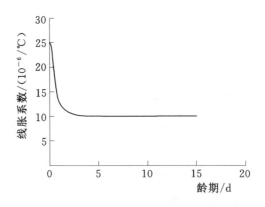

图 2.7　线胀系数变化过程

2.2.3　高性能混凝土的比热

比热定义为单位质量的物质每升高 1℃所需的热量，单位为 J/(kg・℃)。研究人员（Scanlon 和 Khan）发现，混凝土的温度和配合比对其比热有重要的影响。水的比热大于干骨料的比热和水泥的比热，因而混凝土的比热受水泥浆中湿度影响显著，另外，比热随着混凝土温度的升高和混凝土密度的减小而增加（Maes，1980）。但是由于高性能混凝土湿度很小，因而其比热变化范围很小，基本处于 0.84～1.17kJ/(kg・℃)（Neville，1995）。Breugel 于 1997 年提出了比热的计算模型，该模型考虑了高性能混凝土配合比和温度对比热的影响：

$$c_p = \frac{1}{\rho}\left[W_c\alpha c_{cef} + W_c(1-\alpha)c_c + W_a c_a + W_w c_w\right] \quad (2.17)$$

式中：c_p 为混凝土的比热，J/(kg·℃)；ρ 为单位混凝土的重量，kg/m³；W_c、W_a 和 W_w 分别为单位水泥、骨料和水的重量，kg/m³；c_c、c_a 和 c_w 分别为水泥、骨料和水的比热，J/(kg·℃)；$c_{cef}=8.4T_c+339$ 为反应水泥的虚比热，J/(kg·℃)；α 为水化度；T_c 为当前混凝土的温度，℃。

骨料、温度和水化热对混凝土比热的影响见图 2.8，该图显示比热的变化范围为 $0.9\sim1.2$kJ/(kg·℃)，其值随着水化度的升高而线性降低，随着混凝土温度的升高比热也升高，随着配合比的不同而不同。

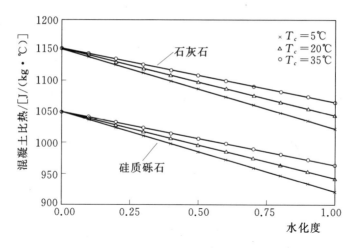

图 2.8 骨料、温度和水化度对混凝土比热的影响[14]

2.2.4 高性能混凝土的导热系数

导热系数定义为材料的导热能力。混凝土的导热系数在温度应力计算中具有重要的意义，它决定着热量在混凝土中传播的速率，进而决定着混凝土的温度梯度和温度应力。混凝土的导热系数主要受粗骨料的矿物特性、水泥浆的水含量、混凝土的密度和温度等因素的影响。由于气体的导热性较小，因此混凝土的密度越小导热性越差。和普通混凝土相比，高性能混凝土由于湿度低使得其导热系数降低，同时水泥浆含量的较高又使得其导热系数升高（水泥浆的导热系数是水的导热系数的两倍），因此，高性能混凝土虽含水量降低但仍可以使得其导热系数高于普通混凝土。另外，高性能混凝土水泥含量多、水胶比小，致使水化温升高，因此水化度对混凝土的导热系数的影响不可忽视，基于水化度的导热系数方程为[14]

$$k(\alpha) = k_u(1.33 - 0.33\alpha) \tag{2.18}$$

式中：$k(\alpha)$ 为当前混凝土的导热系数，$W/(m \cdot \text{℃})$；k_u 为硬化混凝土的最终导热系数，$W/(m \cdot \text{℃})$；α 为水化度。

根据式（2.11）和式（2.13）可知：

$$\alpha(t_e) = e^{-m \cdot t_e^{-n}} \tag{2.19}$$

取 $k_u = 8.49 \, \text{kJ}/(m \cdot h \cdot \text{℃})$，可得混凝土导热系数随等效龄期和水化度变化的情况，见图 2.9 和图 2.10。

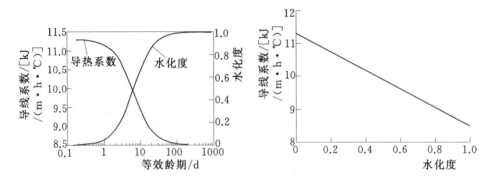

图 2.9　导热系数随等效龄期变化情况　　图 2.10　导热系数随水化度变化情况

导热系数随混凝土龄期逐渐减小，根据该计算模型，混凝土水化硬化后的导热系数比浇筑初期减小 33%，减小幅度很大，而目前的混凝土水化模型中，还没有考虑这种变化。

2.2.5　混凝土表面的热交换系数

当计算第三类边界条件时要用到热交换系数。混凝土表面热交换系数与混凝土本身的材料性质无关，而决定于固体表面的粗糙程度和周围流体的导热系数、黏滞系数及流速等，粗糙表面的热交换系数可以在光滑表面热交换系数的基础上再增大 6%[14]。笔者研究发现，固体表面的热交换系数除与上述因素有关外，还与其方位有重要关系，竖直面的热交换系数要大于水平面的热交换系数。

1954 年，McAdams 提出了竖直面的热交换系数计算模型：

$$\left.\begin{array}{l} \beta = 20.24 + 14.08w \quad (w \leqslant 4.87\mathrm{m/s}) \\ \beta = 25.82w^{0.78} \quad (w > 4.87\mathrm{m/s}) \end{array}\right\} \tag{2.20}$$

式中：β 为表面的热交换系数，$\mathrm{kJ/(m^2 \cdot h \cdot ^\circ C)}$；$w$ 为风速，$\mathrm{m/s}$。

1996 年，Yang 等提出了下面的计算模型（竖直面）：

$$\left.\begin{array}{l} \beta = 20 + 14w \quad (w \leqslant 5\mathrm{m/s}) \\ \beta = 25.6w^{0.78} \quad (w > 5\mathrm{m/s}) \end{array}\right\} \tag{2.21}$$

式中：β 为表面的热交换系数，$\mathrm{kJ/(m^2 \cdot h \cdot ^\circ C)}$；$w$ 为风速，$\mathrm{m/s}$。

朱伯芳院士提出固体表面在空气中的热交换系数 β 的数值与风速有密切关系，可以用以下两式计算：

粗糙表面：$\beta = 23.9 + 14.5w$

光滑表面：$\beta = 21.8 + 13.53w$

式中：w 为风速，$\mathrm{m/s}$；β 为热交换系数，$\mathrm{kJ/(m^2 \cdot h \cdot ^\circ C)}$。

笔者在试验研究（4.5 节）的基础上提出了一个计算光滑表面热交换系数的计算模型，在此系数的基础上再增大 6% 得到粗糙表面的热交换系数：

水平面：

$$\beta = 24.02\left[0.9(T_s + T_a) + 32\right]^{-0.18}(T_s - T_a)^{0.27}\sqrt{1 + 2.86w} \tag{2.22a}$$

竖直面：$\beta = 25.43 + 17.3w$ \qquad (2.22b)

式中：β 为表面的热交换系数，$\mathrm{kJ/(m^2 \cdot h \cdot ^\circ C)}$；$T_s$ 为表面温度，$^\circ C$；T_a 为空气温度，$^\circ C$；w 为风速，$\mathrm{m/s}$。

式（2.20）和式（2.21）是根据试验在恒温状态下得到的，没有考虑表面和空气的温差对热交换系数的影响，而式（2.22）在这方面有所体现。式（2.22a）适用于水平面，式（2.22b）适用于竖直面，图 2.11 显示，随着风速的增大，竖直表面的热交换系数增大幅度大于水平表面的热交换系数增幅。该结论通过 4.5 "风速影响下长方体混凝土的非绝热温升试验"得以验证。

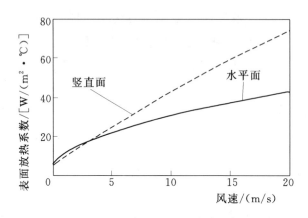

图 2.11　热交换系数随风速变化规律

总之，混凝土表面热交换系数不但和本身表面粗糙程度、周围气体流速、结构的方位有关，还和周围气体与本身的温差密切相关。

计算模型所得混凝土表面的热交换系数是为施工前仿真计算分析所用，而施工现场环境复杂，这些参数很难真实反映工程现场的混凝土表面放热特性，因此，还需通过室内非绝热温升试验和现场 1∶1 模型试验，反分析混凝土的表面热交换系数，以便更好地对温度应力场进行仿真计算。热学参数的反演分析见第 4 章。

2.3　高性能混凝土的力学特性

高性能混凝土具有水灰比低、矿物掺合料多、水化反应剧烈和绝热温升高等特点，这些特点使得高性能混凝土的力学特性与普通混凝土有所不同。矿物掺合料主要有粉煤灰、矿渣和硅粉，它们对混凝土力学特性的发展规律影响不同；温度对混凝土力学特性影响是较热门的话题。针对这一问题，本节主要就矿物掺合料和温度对高性能混凝土力学特性（强度、弹性模量、泊松比和徐变）的影响进行探讨。

2.3.1 高性能混凝土强度

2.3.1.1 矿物掺合料对强度的影响

矿物掺合料常常被用来改善混凝土的材料性能和热学特性。在普通混凝土中，矿物掺合料是被用来降低水泥消耗的费用，在高性能混凝土中，矿物掺合料既被用来降低水泥的费用，又被用来降低水化热，改善渗透性，提高混凝土的强度等。

掺粉煤灰的混凝土早期强度增长缓慢，等量取代的粉煤灰混凝土早期强度一般低于不掺粉煤灰混凝土。混凝土的水化热会由于粉煤灰的掺入而减小，如果有足够的水分使粉煤灰能继续水化反应，混凝土后期的强度还会继续增强。当粉煤灰的掺量超过 30% 时，粉煤灰的功效会随着其掺量的增加而减小，粉煤灰掺量超过 50% 时，混凝土 90d 时的强度不会减小。

通过掺加矿渣可减小混凝土的水化热和提高混凝土抗渗透性。大掺量矿渣对高性能混凝土的抗压强度产生一定影响，矿渣混凝土的强度与其细度和掺量有关[175]。随着矿渣掺量的增加，混凝土的抗压强度呈降低趋势，但后期抗压强度均有所增加。50% 的最优掺量可使得混凝土的强度比纯水泥混凝土高 30%。矿渣的功效在于其细度，细度越大，混凝土的强度也就越大。掺量 50%～60%、细度 450m²/kg 的矿渣能减小混凝土的强度 15%，而同样掺量，细度 786m²/kg 的矿渣混凝土和纯水泥混凝土的强度相当。矿渣细度为 1160m²/kg 的混凝土 3d 时的强度和纯水泥混凝土 3d 时的强度相当，但 28d 时的强度要比纯混凝土高 30% 左右，28d 后，强度的获得和纯水泥混凝土强度的获得相当。但是无论是何种细度和掺量，其强度增长率均大于普通混凝土，从这一点来说，矿渣可以提高混凝土的强度。

当然，矿渣的主要功效是抗硫酸盐腐蚀和防止混凝土碱-骨料反应，在复杂环境工程混凝土和海工混凝土中应用较广。

硅粉的掺量一般在 5%～20%，和纯水泥混凝土相比，20% 掺量的硅粉可以使混凝土的强度提高 60%[175]，如果掺量超过 20%，混凝土的强度开始降低（图 2.12）。Zhang 等人认为硅粉的最优掺量为 5%～10%，掺量超过 10% 时，由硅粉而产生的功效就会降低。Larsen 和 McVay 认为，高掺量硅粉会延缓早期混凝土强度的获得。低于 5% 掺量时，硅粉不足以填补水泥颗粒和骨料之间的空隙，稳定的基体骨架很难实现，且如果硅粉参与水化反应，硅粉在配合比中的作用也会较小。另外，提高硅粉的细度将会提高混凝土的强度。

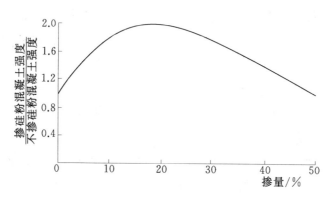

图 2.12　硅粉对混凝土强度的影响[175]

另外，从表 2.3 可以看出，硅粉会明显提高早期混凝土的强度，参与早期的水化反应，使放热速度增大；龄期 400d 时不含硅粉和含硅粉的混凝土抗压强度非常接近，在龄期 28d 时硅粉掺量为 15% 的混凝土的抗压强度比不含硅粉的混凝土抗压强度高 21%，因此可以看出，硅粉的掺入只是影响混凝土的短期强度。

表 2.3　　　　　抗压强度随龄期的变化[182]　　　　　单位：MPa

混凝土配合比	抗压强度						
	龄期 7d	龄期 14d	龄期 28d	龄期 42d	龄期 90d	龄期 365d	龄期 400d
CC	46	52	58	62	64	73	74
SF6	50.5	58	65	69	71	73	73
SF10	52	61	67.5	71	74	74	73
SF15	53	63	70	73	76	75	76

注　CC 为普通混凝土，SF6 为硅粉含量为 6% 的混凝土，SF10 和 SF15 依此类推。

粉煤灰、矿渣和硅粉对混凝土强度的贡献还与需要的水量密切相关，湿养护比干养护能获得更高的强度。另外，由于硅粉价格昂贵，且具有混凝土收缩大[176]等缺点，在国内大范围地应用受到了限制。

2.3.1.2 温度对强度的影响

以往的混凝土力学特性试验研究都是按照相应的规范在一定的条件下完成的，并没有考虑混凝土温度对其力学特性的影响。研究发现，混凝土的强度不仅与龄期有关，还与自身温度和温度历程或成熟度有关，且由于高性能混凝土水灰比低、水化热大、绝热温升高，温度对混凝土强度的影响更不容忽视。而且，在实际混凝土结构中，各部位混凝土水化反应程度不同，水化热不同，温度不同，力学特性的发展也必然存在显著差异，为提高混凝土温度应力仿真计算的可靠性，有必要对这种差异进行描述。鉴于此，国外许多研究者建立了考虑温度影响的基于等效龄期的混凝土力学特性计算模型，在他人研究的基础上提出基于水化度的混凝土强度计算模型，以更全面地描述高性能混凝土的力学发展历程。

研究发现，抗压强度随龄期的增加而增长，养护温度越高，早期混凝土抗压强度发展越快，但混凝土的最终强度随着初始温度的升高而降低。因此，强度发展预测模型中应该考虑温度对早期强度和最终强度的影响。对此，国内外许多研究者建立了基于等效龄期的混凝土抗压强度计算模型，主要有以下几种：

（1）双曲线模型[177]：

$$f_c(t_e) = \frac{k(t_e - t_0)}{1 + k(t_e - t_0)}(f_c)_{\max} \qquad (2.23)$$

式中：$f_c(t_e)$ 为基于等效龄期的混凝土抗压强度；$(f_c)_{\max}$ 为最终抗压强度；k 为常数；t_e 为等效龄期；t_0 为初凝等效龄期，或者零强度等效龄期。

（2）指数式模型[175]：

$$f_c(t_e) = [1 - \exp(-k(t_e - t_0))](f_c)_{\max} \qquad (2.24)$$

式中：各参数物理意义同式（2.23）。

（3） CEB – FIP 强度模型[178]：

$$f_c(t_e) = \exp\left[s\left(1 - \left[\frac{28}{t_e}\right]^{1/2}\right)\right]f_{c28} \tag{2.25}$$

式中：f_{c28} 为标准养护条件下混凝土 28d 龄期的抗压强度；s 为系数，和水泥类型有关，速硬水泥取 0.20，一般水泥取 0.25，缓硬水泥取 0.38。

（4） AFREM 模型：

$$f_c(t_e) = \frac{t_e}{1.40 + 0.95t_e}f_{c28} \leqslant f_{c28} \tag{2.26}$$

（5） Dilger 模型：

$$f_c(t_e) = \frac{t_e}{\gamma_f + \alpha_f t_e}f_{c28} \tag{2.27}$$

$$\alpha_f = 1.03 - 0.33w/cm$$

$$\gamma_f = 28(1 - \alpha_f)$$

式中：$f_c(t_e)$ 为龄期 t_e 时的抗压强度；w/cm 为混凝土的水胶比。

对比这几个强度预测模型可以看出：双曲线式和指数式模型由于控制参数少，适应性差；CEB – FIP 强度模型可以预测高性能和普通强度混凝土的强度，但该模型低估了龄期 7d 内的高性能混凝土的强度增长；AFREM 模型可以预测高性能混凝土强度增长快的特性，且独立于混凝土配合比，但只适合于高性能混凝土；Dilger 模型是一个具有更加广泛意义的高性能混凝土强度预测模型，可以预测普通强度和高性能混凝土的早期强度发展，该模型的水胶比变化范围为 0.15～0.40，既能反应强度增长速率，也能反应水胶比对强度的影响。在早期阶段，AFREM 和 Dilger 模型预测低水胶比的混凝土强度增长速率大于 CEB – FIP 模型。

在水化反应过程中，用来描述水化反应速率的混凝土活化能是不断变化的，这种变化对混凝土的水化放热特性影响较小，可以忽略不计（在考虑温度对混凝土热学参数影响的 2.2 节中均将混凝土活化能当作常数），但对混凝土强度等力学特性的影响较大，需要在计算模型中加以考虑[14]。为此，Kim 在试验基础上建立如下活化能

函数[179]:

$$E_a = E_{a_0} \mathrm{e}^{-\alpha_E t} \tag{2.28}$$

式中：E_a 为混凝土活化能；E_{a_0} 为初始混凝土活化能；α_E 为待定参数。

E_{a_0}、α_E 分别满足

$$E_{a_0} = 42830 - 43T \tag{2.29}$$

$$\alpha_E = 0.00017T \tag{2.30}$$

式中：T 为混凝土温度，℃。

从而有：

$$t_e = \int_{t_0}^t \exp\left[\frac{E_{a_0}(T_r)\mathrm{e}^{-\alpha E(T_r)t}}{R(T_r + 273)} - \frac{E_{a_0}(T)\mathrm{e}^{-\alpha E(T)t}}{R(T + 273)}\right]\mathrm{d}t \tag{2.31}$$

式中：t_e 为考虑混凝土表面活化能随水化反应变化的等效龄期；t_0 为混凝土初凝时间，$t_0 = 0.66 - 0.011T \geqslant 0$；$T_r$ 为参考温度，一般取 20℃；T 为混凝土温度，℃。

在此基础上，文献［173］建议混凝土抗压强度计算模型为

$$f_c(t_e) = (1 - \mathrm{e}^{-at_e^b})(f_c)_{\max} \tag{2.32}$$

式中：$f_c(t_e)$ 为基于等效龄期的混凝土抗压强度；t_e 的表达式见式（2.31）；a、b 为待定常数。

随着研究的不断深入，人们发现，和温度对水化度的影响不同，养护温度不但对混凝土早期强度发展有重要影响，对后期的强度也有影响，见图 2.13，养护温度越高，后期强度越低，这是上述几种计算模型无法反映的。

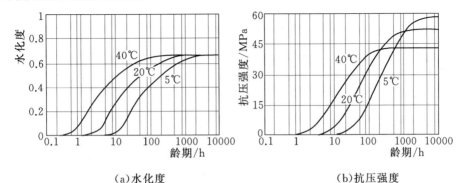

（a）水化度　　　　　　　　　　　　（b）抗压强度

图 2.13　不同温度下的水化度和混凝土抗压强度发展过程

关于温度对混凝土最终抗压强度的影响程度，目前国外尚未形成统一认识。Chanvillard 于 1997 年提出在混凝土水灰比 0.45 且无火山灰掺合料时 28d 强度与养护温度的关系为[180]

$$f_{c28}(T) = f_{c28}(20)[1 - 0.01(T - 20)] \qquad (2.33)$$

式中：$f_{c28}(T)$ 为养护温度为 T 时混凝土 28d 龄期抗压强度；$f_{c28}(20)$ 为养护温度 20℃时混凝土 28d 龄期抗压强度。

式（2.33）是在恒温养护条件下得到的，从表达式来看，混凝土养护温度每升高 1℃，28d 抗压强度比标准养护条件下降低 1%，降低幅度是比较大的。在实际结构中，混凝土温度处于不断变化中，早期温度快速升高，后期温度缓慢下降，最终抗压强度受养护温度的影响可以忽略不计[175]。所述的混凝土抗压强度计算模型均未考虑养护温度对最终抗压强度的影响。

2.3.2　高性能混凝土弹性模量

准确地预测混凝土的弹性模量是非常重要的，因为它与应力成正比关系，它的取值直接关系到混凝土的应力大小，关系到混凝土是否产生裂缝。

在一般的工业与民用建筑结构中，混凝土弹性模量主要用于结构承受荷载时的计算，这时的混凝土龄期已经处于晚期，混凝土温度也已经趋于稳定，所以对弹性模量与龄期和温度的关系要求精度不高。对于大体积混凝土结构，特别是高性能混凝土结构而言，水泥含量高、水灰比低、绝热温升高，温度应力是产生裂缝的主要原因，且混凝土浇筑后，水化热的散发、温度场的变化与弹性模量的变化是同步进行的，所以在大体积混凝土温度应力计算中，混凝土弹性模量以及它与龄期和温度的关系是很重要的。

对抗拉弹模的研究少于对抗压弹模的研究，且大量试验资料显示，混凝土的抗拉弹模与抗压弹模很接近，本研究中认为抗拉弹模等于抗压弹模。

2.3.2.1　矿物掺合料对弹性模量的影响

研究发现，粉煤灰对混凝土弹性模量的影响和对抗压强度的影响相似，掺粉煤灰混凝土的早期强度比不掺的低，早期的弹性模量也比不掺的低；其后期强度比不掺的高，因此后期的弹性模量也比不掺的高。矿渣和硅粉对弹性模量的影响与其对强度的影响规律相似[163]，可以参考 2.3.1.1。

矿物掺合料加入混凝土后，其对混凝土弹性模量的影响应该通过试验确定，在缺乏试验资料和试验设备的情况下，可以利用公式进行估算。下面是常用来进行弹性模量估算的几个经验公式：

（1）Lingdgard-Smeplass 公式[175]：

$$E_c = k[E_{\text{limestone}} + 0.4(E_{\text{Agg}} - E_{\text{limestone}})] \tag{2.34}$$

式中：$E_{\text{limestone}}$ 为水泥石的弹性模量，一般取 32GPa；E_{Agg} 为骨料的弹性模量；k 为反应混凝土配合比的参数，一般取骨料的体积分数。

式（2.34）表明，混凝土的弹性模量主要是混凝土中骨料弹性模量的函数，随着骨料的弹性模量的增长，混凝土的弹性模量也增长，当然，骨料的弹性模量是与骨料的类型密切相关的。

（2）Tomosawa 和 Noguchi 根据很多研究者得出的结果，利用回归分析方法得出了另一弹模预测模型，该模型可以考虑矿物掺合料掺量、混凝土容重和骨料类型对弹性模量的影响：

$$E_c = 33500 k_1 k_2 \left(\frac{\gamma}{2.4}\right)^2 \left(\frac{f_{\text{ck}}}{60}\right)^{1/3} \tag{2.35}$$

式中：E_c 为弹性模量，MPa；γ 为混凝土的容重；k_1 为粗骨料修正系数，见表 2.4；k_2 为粗骨料和矿物掺合料置换修正系数，见表 2.5。

表 2.4　　　　　　粗骨料修正系数 k_1[175]

粗骨料	砂砾石	硅质砾岩	石灰石	白云石	石英岩	花岗岩	玄武岩	辉绿岩	砂岩
k_1	1.00	1.00	1.20	1.00	0.95	1.00	1.00	1.00	1.00

表 2.5　　　　粗骨料和矿物掺合料置换修正系数 k_2

粗骨料	硅粉含量			矿渣含量		粉煤灰
	<10%	<10%～20%	20%～30%	<30%	≥30%	
河卵石	1.045	0.995	0.818	1.047	1.118	1.110

续表

粗骨料	硅粉含量			矿渣含量		粉煤灰
	<10%	<10%~20%	20%~30%	<30%	≥30%	
杂砂岩碎石	0.961	0.949	0.923	0.949	0.942	0.927
石英岩碎石	0.957	0.956		0.942	0.961	
石灰岩碎石	0.968	0.913				

　　从表 2.5 可以看出[175]，硅粉的掺入使混凝土 E_c 的减小幅度很小，但是随着掺量的提高，对弹性模量的影响程度逐渐变大。矿渣和粉煤灰对混凝土弹性模量的影响规律相似。另据研究发现，矿渣混凝土的弹性模量对强度更加敏感，在低强度时，弹性模量低，高强度时弹性模量高，且矿渣混凝土的弹性模量高于相应的无矿渣混凝土，这主要是由于含矿渣的混凝土的强度增长缓慢。

　　(3) CEB‐FIP 模型：

$$E_c = 21500 \left[\frac{f_{cm}}{10} \right]^{1/3} \qquad (2.36)$$

　　由于混凝土应力应变的非线性关系，该模型建议，对混凝土的弹性应力进行分析时，E_c 应该按 15% 的折减进行计算，在高应力状态下折减很有必要，但在低应力状态下，这种修正不必要。式（2.35）和式（2.36）模型是强度的函数，可以计算任意阶段的弹性模量。

2.3.2.2　温度对弹性模量的影响

　　以往的混凝土弹性模量试验研究都是按照相应的规范在一定的条件下完成的，并没有考虑温度对其特性的影响。研究发现，混凝土的弹性模量不仅与龄期有关，还与自身温度和温度历程或成熟度有关，且由于高性能混凝土水灰比低、水化热大、绝热温升高，温度对混凝土弹性模量的影响更不容忽视。而且，在实际混凝土结构中，各部位混凝土水化反应程度不同，水化热不同，温度不同，弹性模量的发展也必然存在显著差异，为提高混凝土温度应力仿真计算的可靠性，有必要对这种差异进行描述。鉴于此，国外许多研究者建立了考虑温度影响的基于等效龄期的混凝土力学特性计算模型，在他人研究的基础上提出基于水化度的混凝土弹性模量计算模型，以更全面地描述高性能混凝土的力学发展历程。

朱伯芳院士根据试验结果，提出考虑温度影响的混凝土弹性模量表达式[10]：

$$E(\tau) = \frac{E_0 \tau}{q(T) + \tau} \qquad (2.37)$$

其中：

$$q(T) = \sum a_i T^{-b_i} \qquad (2.38)$$

式中：$E(\tau)$ 为混凝土 τ 龄期时的弹性模量，MPa；E_0 为混凝土最终弹性模量；τ 为混凝土龄期；$q(T)$ 为温度函数；a_i、b_i 为试验常数。

式（2.37）所示计算模型考虑了温度对混凝土弹性模量发展的影响，但笔者认为，温度对弹性模量的影响其本质是对水化反应的影响，该模型缺乏物理化学背景，并不能从本质上反映混凝土水化反应对弹性模量发展的影响。

混凝土的弹性模量和抗压强度之间存在对应关系，许多研究者根据试验结果建立了相应的关系式，比如[10]：

$$E = \frac{10^5}{A + B/R} \qquad (2.39)$$

式中：E 为混凝土弹性模量，MPa；R 为混凝土标准立方体试件抗压强度，MPa；A 和 B 为由试验资料整理的常数，中国建筑科学研究院给出 $A = 2.2$，$B = 33.0$；铁道建筑研究所给出 $A = 2.3$，$B = 27.5$；苏联给出 $A = 1.7$，$B = 36.0$。

与式（2.25）抗压强度计算模型相对应，文献 [178] 也提出了相应的混凝土弹性模量计算模型：

$$E(t_e) = E_{28} \sqrt{\exp\left[s\left(1 - \left[\frac{28}{t_e}\right]^{1/2}\right)\right]} \qquad (2.40)$$

式中：$E(t_e)$ 为基于等效龄期的混凝土弹性模量；E_{28} 为标准养护条件下混凝土 28d 弹性模量；s 为系数，和水泥类型有关，速硬水泥取 0.20，一般水泥取 0.25，缓硬水泥取 0.38。

从式（2.40）看，混凝土弹性模量的变化函数为抗压强度变化函数的平方根，说明混凝土弹性模量的增长率要快于混凝土的抗压强度。从式（2.40）来看，和式（2.25）抗压强度计算模型相类似，仅以 28d 龄期混凝土的弹性模量来描述早期的弹性模量发展过程，适应性很难得到保证。为此，笔者在式（2.32）抗压强度计算模型的基础上，提出基于等效龄期且考虑水化反应对混凝土活化能影响的弹性模量计算模型：

$$E_c(t_e) = (1 - \mathrm{e}^{-at_e^b})(E_c)_{\max} \tag{2.41}$$

式中：$(E_c)_{\max}$ 为混凝土最终弹性模量；t_e 为等效龄期，计算公式见式（2.31）；a、b 为待定常数。

2.3.3 高性能混凝土泊松比

混凝土的泊松比定义为弹性范围内混凝土的横向应变与纵向应变之比值，也叫横向变形系数，它是反映混凝土横向变形的弹性常数。目前国内外对混凝土泊松比的研究较少，对高性能混凝土泊松比的试验数据更少。Perenchio 和 Klieger 的试验研究表明，水灰比越小，泊松比的值越大；Radain 等的试验表明，混凝土的泊松比是抗压强度的函数，泊松比的值可以超过 0.20，且泊松比与矿物掺合料的掺入无关（图 2.14）；CEB-FIP Model Code 给出的泊松比变化范围为 0.10～0.20。鉴于此，假定泊松比为常数 0.167。

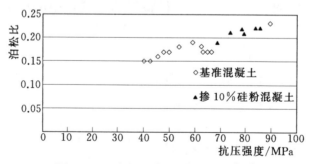

图 2.14 泊松比与强度的关系[175]

2.3.4 高性能混凝土的徐变

在理想的混凝土弹性体中，如果在应力保持不变，应变也将保持不变。实际上混凝土多种材料的混合体，在恒定荷载作用下，随着时间的推移，应变将不断增加，这一部分随着时间而增加的应变就是徐变，或称为蠕变。

$$\varepsilon_c(t) = \sigma(\tau) C(t, \tau) \tag{2.42}$$

高性能混凝土与普通混凝土的徐变区别主要有以下几点：①高性能混凝土水胶比低、矿物掺合料多，对徐变的影响不可忽视；②高性能混凝土水化反应剧烈、绝热温升高，温度对徐变的影响不得不考虑；③高性能混凝土的干燥徐变相比普通混凝土要低得多，可以忽略不计。

2.3.4.1 矿物掺合料对徐变的影响

（1）矿渣对徐变的影响。研究表明，混凝土中掺入矿渣会使早期的徐变稍微增加，后期的徐变稍微减小，这是因为后期矿渣的水化反应使得混凝土强度继续增大；矿渣掺量对徐变的影响不大，矿渣掺量的变化对混凝土徐变性能的影响不是很大，与不掺矿渣混凝土徐变比较接近，如矿渣掺量为30%时的徐变比不掺混凝土稍大，掺量为50%时的徐变比不掺混凝土稍小[181]，但当掺量超过70%时，混凝土的徐变没有进一步减小反而增大，这种限制同其对强度的影响规律；矿渣特性对徐变有一定的影响，提高矿渣中石膏的含量和矿渣的细度都能够使得混凝土的强度增长较快，从而减小早期混凝土的徐变。

（2）粉煤灰对徐变的影响。关于粉煤灰混凝土的徐变，研究工作较少，成果差异也较大。Lohtia 等人指出：以15%的印度 F 级粉煤灰代替相应的水泥配制混凝土，粉煤灰对徐变的影响很小，含15%粉煤灰的混凝土，与基准混凝土相比，徐变稍微高一点，粉煤灰对水泥置换较高的混凝土，徐变恢复较低；赵庆新等认为粉煤灰掺量为12%和30%时混凝土抵抗徐变的能力随其掺量提高而增强，粉煤灰掺量为50%时，混凝土抵抗徐变的能力没有得到改善；笔者认为，粉煤灰含量小于25%时不能明显地影响混凝土的徐变，含量超过25%的粉煤灰可以提高早期的徐变，但却减小后期徐变的20%～45%，主要原因是粉煤灰混凝土的后期强度增长率高于不掺粉煤灰混凝土，使其应力比减小，因此可减小后期徐变。

（3）硅粉对徐变的影响。硅粉对混凝土徐变的影响主要是通过减小混凝土中水分的迁移，从而对混凝土徐变产生影响，掺入硅粉不但能减小普通混凝土的徐变，也能减小高性能混凝土的徐变。试验表明[182]，硅粉含量为 10％ 的高性能混凝土的徐变度无论早期还是后期都约是不含硅粉混凝土徐变度的一半，究其原因，主要是由于硅粉提高了胶凝体和骨料之间的连接，提高了水化产物的密实度，另外，硅粉也显著地减小了混凝土的渗透性，减小了干燥徐变。

从表 2.6 可以看出，硅粉含量增加到 15％，混凝土的徐变将减小 20％～30％。由于是高性能混凝土，干燥徐变在高性能混凝土中不予考虑，因而总徐变和基本徐变的发展规律相似，随着硅粉掺量的提高而减小。

表 2.6　　　　　　　　　掺硅粉混凝土徐变度　　　　　　单位：10^{-6}/MPa

加载龄期/d	徐变度			
	CC	SF6	SF10	SF15
7	595	510	459	417
28	413	407	381	328

注　CC 为普通混凝土，SF6 为硅粉含量为 6％ 的混凝土，SF10 和 SF15 依此类推。

2.3.4.2　温度对徐变的影响

温度也是影响混凝土徐变的主要原因之一。近年来，由于混凝土用于建造预应力混凝土核电站压力容器，温度对徐变的影响已成为日益关注的问题。1962 年 England 对密封试件进行了 20～125℃ 的徐变试验，试件先在水中养护 3d，然后放在相对湿度 90％ 湿度中养护 6d，在 10d 龄期时施加 6.9MPa 应力。图 2.15 给出了混凝土徐变度随温度变化的试验结果[183]，由图可见，最大徐变发生在大约 100℃ 左右，之前，混凝土徐变随温度的升高而增大，之后，徐变随温度的升高转而减小。

目前，国内计算混凝土徐变时，多将徐变作为加载龄期和持荷时间的函数，而没有考虑温度对徐变的影响。实际上，在大体积混凝土结构中，混凝土温度是不断变化的，尤其在早期，混凝土温度变化最为剧烈，对徐变的影响也较大，据图 2.15，当温度为 20℃时，混凝土徐变度为 $25\times10^{-6}/\mathrm{MPa}$，当温度为 60℃时，混凝土徐变度为 $60\times10^{-6}/\mathrm{MPa}$，差别达 $35\times10^{-6}/\mathrm{MPa}$。

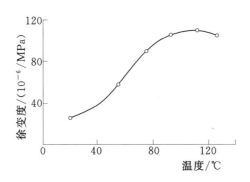

图 2.15   温度对徐变度的影响

当不考虑温度对徐变的影响时，徐变度 $C(t，\tau)$ 可用下式表示：

$$C(t，\tau)=(f_1+g_1\tau^{-p_1})\left[1-\mathrm{e}^{-r_1(t-\tau)}\right]+$$
$$(f_2+g_2\tau^{-p_2})(1-\mathrm{e}^{-r_2(t-\tau)})+D(\mathrm{e}^{-s\tau}-\mathrm{e}^{-st}) \qquad (2.43)$$

式中：t 为混凝土龄期；τ 为加载龄期；f_1、f_2、g_1、g_2、r_1、r_2、p_1、p_2、s 和 D 均为常数。

在上式中取 $r_1>r_2$，使右边第一大项代表持载早期的可复徐变；第二大项代表持载晚期的可复徐变；第三大项代表不可恢复的徐变变形，通常忽略不计。

在应用上式进行有限元计算时，假定每一时段内，应力呈线性变化，应力对时间的导数为常数，并利用指数函数的特点，不必记录应力历史，这不仅可节省计算机的存储容量，也减少了计算工作量。

考虑温度对徐变影响时，温度为 T（保持不变），徐变度可表为

$$C(t，\tau，T)=A(T)\sum_{s=1}^{m}B_s(\tau^*)(1-\mathrm{e}^{-r_s(t-\tau)}) \qquad (2.44)$$

其中：

$$A(T)=A_0+A_1T+A_2T^2$$
$$B_s(\tau^*)=B_{so}+B_{s1}/\tau^*+B_{s2}/\tau^{*2}$$

式中：A_0、A_1、A_2、B_{s0}、B_{s1}、B_{s2} 和 r_s 均为常数，由试验资料求取。

式中的 τ^* 为与加载龄期 τ 相应的等效加载龄期，综合反映加载龄期及加载前温度变化过程的影响，按下式确定：

$$\tau^* = \sum \exp\left[\frac{U}{R}\left(\frac{1}{273} - \frac{1}{273 + T}\right)\right]\Delta t \tag{2.45}$$

式中：R 为气体常数，$R = 0.008314\text{kJ}/(\text{K} \cdot \text{mol})$；$T$ 为 Δt 时段内的平均温度；U 为混凝土活化能，$\text{kJ}/(\text{K} \cdot \text{mol})$，当 $T > 20℃$ 时 $U = 33.5$，当 $T < 20℃$ 时 $U = [33.5 + 1.47 (20 - T)]$。

对于温度不断变化时，建议采用下式：

$$C(t, \tau, T) = \sum_{s=1}^{n}\{C(t_s, \tau, T_{s-1}) - C(t_{s-1}, \tau, T_{s-1})\} \tag{2.46}$$

于是在复杂应力状态下，徐变变形增量为

$$\Delta\boldsymbol{\varepsilon}_{n+1}^{c} = \sum_{i=0}^{n}\boldsymbol{Q}\Delta\boldsymbol{\sigma}_i\left[C(t_{i+1}, \tau_i, T_i) - C(t_i, \tau_i, T_i)\right] \tag{2.47}$$

2.4　高性能混凝土的湿度场

混凝土的湿度对其热学和力学特性的发展有重要的影响。一般而言，普通混凝土内部相对湿度的变化主要受水分扩散的影响，但对高性能混凝土而言，其湿度的变化不仅受水分扩散影响，还受自干燥的影响。自干燥是以低水胶比、掺矿物掺合料等为特征的高性能混凝土早期的一种常见现象[184]。

研究表明，混凝土内部的水分扩散率很小，比温度的扩散率低约 3 个数量级。水分的扩散率主要依赖于水分的含量，相对湿度低于 60% 时，水分的扩散率很小，高于 60% 时扩散系数增长较快。低于 100℃ 时，扩散遵循 Arrhenius 函数，考虑水化度对湿度的影响。不同类型的矿物掺合料对高性能混凝土的水化反应进程影响规律不同，对由自干燥引起的混凝土相对湿度下降的影响也不同。硅粉的掺入使得混凝土相对湿度下降速率减小；粉煤灰以及矿渣使得混凝土相对湿度的下降速率增大，且随掺量的增大，下降趋势略大。

对于高性能混凝土而言，由于其水胶比低、掺合料多，水化反应非常快。矿物掺合料和水化反应物的生成使得水泥石内部的毛细管管径变小，且分布不连续，致使其水分扩散率下降速度比普通混凝土快很多，James 认为[175]，湿度变化的影响完全可以忽略，因此不考虑水分扩散对材料特性的影响。

2.5 本章小结

本章简单介绍了高性能混凝土的基本定义，并就高性能混凝土和高强混凝土做了区别说明，高性能混凝土水化反应剧烈、温升高，矿物掺合料含量高，这也是和普通混凝土区别较大的地方。水工混凝土薄壁结构大多采用高性能混凝土，因此，矿物掺合料和养护温度对高性能混凝土热学和力学参数的影响规律就成了必须研究的内容，同时也为后续章节高性能混凝土的收缩和结构温度场和应力场的精确仿真计算提供了科学依据。

第3章

>>>

混凝土温度和应力仿真
计算理论与方法

3.1 概述

混凝土结构施工期的仿真计算就是对结构在外部因素和内部因素影响下进行温度和应力计算，分析结构温度和应力的时空变化规律。外部因素包括环境气温、施工过程和防裂方法等；内部因素包括绝热温升、导热系数和弹性模量等材料属性，无论内部因素，还是外部因素，都是随时间变化的函数。因此，精确仿真计算需要有很好的理论支持。

水工混凝土薄壁结构型式特殊、边界条件复杂，仿真计算必须配有很好的数值模拟方法。目前在工程领域内常用的数值模拟方法有有限单元法、边界元法、离散单元法和有限差分法，就其适用性和广泛性而言，主要还是有限单元法。有限单元法对不规则边界适应性强；在温度梯度大的地方，可局部加密网格；容易与计算应力的有限元程序配套，将温度场和应力场纳入一个统一的程序进行计算[10]。下面就非稳定温度场及应力场的仿真计算理论与有限单元法进行简单的阐述。

3.2 混凝土非稳定温度场基本理论和有限单元法

3.2.1 热传导方程

热传导是一种特定的传热方式，依靠物体内部的温度梯度从高温区域向低温区域传输热量。

考虑均匀的、各向同性的固体，从中取出一无限小的六面体 $\mathrm{d}x\mathrm{d}y\mathrm{d}z$（图 3.1）。

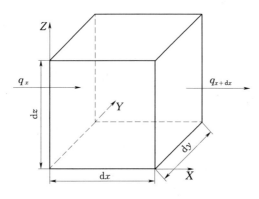

图 3.1 热传导示意图

在单位时间内从左面 $\mathrm{d}y\mathrm{d}z$ 流入的热量为 $q_x\mathrm{d}y\mathrm{d}z$ ，经右面流出的热量为 $q_{x+\mathrm{d}x}\mathrm{d}y\mathrm{d}z$ ，流入的净热量为 $(q_x - q_{x+\mathrm{d}x})\mathrm{d}y\mathrm{d}z$ 。在固体的热传导中，热流量 q（单位时间内通过单位面积的热量）与温度梯度 $\partial T/\partial x$ 成正比，但热流方向与温度梯度方向相反，即

$$q_x = -k\frac{\partial T}{\partial x} \tag{3.1}$$

式中：k 为导热系数，$\mathrm{kJ/(m \cdot h \cdot ℃)}$。

式（3.1）中，q_x 是 x 的函数，将 $q_{x+\mathrm{d}x}$ 展开成泰勒级数并取前二项，得

$$q_{x+\mathrm{d}x} \approx q_x + \frac{\partial q_x}{\partial x}\mathrm{d}x = -k\frac{\partial T}{\partial x} - k\frac{\partial^2 T}{\partial x^2}\mathrm{d}x$$

因此，沿 x 方向流入的净热量为

$$(q_x - q_{x+\mathrm{d}x})\mathrm{d}y\mathrm{d}z = k\frac{\partial^2 T}{\partial x^2}\mathrm{d}x\mathrm{d}y\mathrm{d}z$$

相似的，沿 y 方向和 z 方向流入的净热量分别为 $k\dfrac{\partial^2 T}{\partial y^2}\mathrm{d}x\mathrm{d}y\mathrm{d}z$ 及 $k\dfrac{\partial^2 T}{\partial z^2}\mathrm{d}x\mathrm{d}y\mathrm{d}z$ 。

假设水泥水化热在单位时间内单位体积中发出的热量为 Q ，则

在体积 $\mathrm{d}x\mathrm{d}y\mathrm{d}z$ 内单位时间发出的热量为 $Q\mathrm{d}x\mathrm{d}y\mathrm{d}z$ 。

那么，在时间 $\mathrm{d}\tau$ 内，此六面体由于温度升高所吸收的热量为

$$c\rho\frac{\partial T}{\partial\tau}\mathrm{d}\tau\mathrm{d}x\mathrm{d}y\mathrm{d}z$$

式中：c 为比热，$\mathrm{kJ/(kg\cdot^{\circ}\!C)}$；$\rho$ 为密度，$\mathrm{kg/m^3}$；τ 为时间，h。

根据热量平衡原理，从外面流入的净热量与内部水化热之和必须等于温度升高所吸收的热量，即

$$c\rho\frac{\partial T}{\partial\tau}\mathrm{d}\tau\mathrm{d}x\mathrm{d}y\mathrm{d}z = \left[k\left(\frac{\partial^2 T}{\partial x^2}+\frac{\partial^2 T}{\partial y^2}+\frac{\partial^2 T}{\partial z^2}\right)+Q\right]\mathrm{d}x\mathrm{d}y\mathrm{d}z\mathrm{d}\tau$$

整理上式，可得均匀各向同性的固体热传导方程：

$$\frac{\partial T}{\partial\tau}=a\left(\frac{\partial^2 T}{\partial x^2}+\frac{\partial^2 T}{\partial y^2}+\frac{\partial^2 T}{\partial z^2}\right)+\frac{Q}{c\rho} \qquad (3.2)$$

式中：a 为导温系数，$a=\dfrac{k}{c\rho}$ ，$\mathrm{m^2/h}$。

由于水泥水化热作用，在绝热条件下混凝土的温度上升速度为

$$\frac{\partial\theta}{\partial\tau}=\frac{Q}{c\rho}=\frac{Wq}{c\rho} \qquad (3.3)$$

式中：θ 为混凝土的绝热温升，$^{\circ}\!C$；W 为水泥用量，$\mathrm{kg/m^3}$；q 为单位重量水泥在单位时间内放出的水化热，$\mathrm{kJ/(kg\cdot h)}$。

联合式（3.2）和式（3.3），热传导方程可改写为

$$\frac{\partial T}{\partial\tau}=a\left(\frac{\partial^2 T}{\partial x^2}+\frac{\partial^2 T}{\partial y^2}+\frac{\partial^2 T}{\partial z^2}\right)+\frac{\partial\theta}{\partial\tau} \qquad (3.4)$$

式（3.4）中，当 $\partial T/\partial\tau\neq0$、$\partial\theta/\partial\tau\neq0$ 时，即水泥还在进行水化反应时，混凝土的温度随时间变化，这时称为非稳定温度场。

式（3.4）中，当 $\partial T/\partial\tau\neq0$、$\partial\theta/\partial\tau=0$ 时，即水泥水化反应基本结束时，混凝土不受内部热源的影响，但混凝土的温度继续随时间变化，这时称为准稳定温度场：

$$\frac{\partial T}{\partial\tau}=a\left(\frac{\partial^2 T}{\partial x^2}+\frac{\partial^2 T}{\partial y^2}+\frac{\partial^2 T}{\partial z^2}\right)$$

式（3.4）中，当 $\partial T/\partial\tau=0$、$\partial\theta/\partial\tau=0$ 时，即水泥水化反应结束时，混凝土不受内部热源的影响，温度也不随时间而变化，只是

坐标的函数，基本处于混凝土完全冷却后的运行期，这时称为稳定温度场：

$$\frac{\partial^2 T}{\partial x^2} + \frac{\partial^2 T}{\partial y^2} + \frac{\partial^2 T}{\partial z^2} = 0$$

3.2.2 定解条件

导热方程建立了物体的温度与时间、空间的一般关系，为了确定我们所需要的温度场，还必须知道初始条件和边界条件。初始条件是在物体内部初始瞬间温度场的分布规律。边界条件包括周围介质与混凝土表面相互作用的规律及物体的几何形状。初始条件和边界条件合称为定解条件。

一般初始瞬时的温度分布是已知的，即 $T = T_o(x, y, z, 0)$，在混凝土温度计算过程中，浇筑块的初始温度即为浇筑温度。

边界条件主要包括以下四种：

（1）第一类边界条件：混凝土表面温度是时间的已知函数，即

$$T(\tau) = f_1(\tau) \tag{3.5}$$

混凝土与水接触时，表面温度等于已知的水温，属于这种边界条件。

（2）第二类边界条件：混凝土表面的热流量是时间的已知函数，即

$$-k \frac{\partial T}{\partial n} = f_2(\tau) \tag{3.6}$$

式中：n 为表面外法线方向。若表面是绝热的，则有 $\frac{\partial T}{\partial n} = 0$。

（3）第三类边界条件：当混凝土与气体接触时，假定经过混凝土表面的热流量与混凝土表面温度 T 和气温 T_a 之差成正比，即

$$-k \frac{\partial T}{\partial n} = \beta(T - T_a) \tag{3.7}$$

式中：β 为表面热交换系数，kJ/(m² · h · ℃)。

热交换系数 β 趋于无穷大时，$T = T_a$，即转化为第一类边界条

件；热交换系数 $\beta = 0$ 时，$\dfrac{\partial T}{\partial n} = 0$，又转化为绝热条件。

（4）第四类边界条件：在两种不同的固体接触面处，当接触良好时，则在接触面上温度和热流量是连续的，即

$$\left.\begin{aligned} T_1 &= T_2 \\ -k_1\,\frac{\partial T_1}{\partial n} &= k_2\,\frac{\partial T_2}{\partial n} \end{aligned}\right\} \tag{3.8}$$

当接触不良好时，则温度是不连续的，须引入接触热阻的概念，即

$$\left.\begin{aligned} k_1\,\frac{\partial T_1}{\partial n} &= \frac{1}{R_c}(T_2 - T_1) \\ -k_1\,\frac{\partial T_1}{\partial n} &= k_2\,\frac{\partial T_2}{\partial n} \end{aligned}\right\} \tag{3.9}$$

式中：R_c 为因接触不良产生的热阻，$\mathrm{m^2 \cdot h \cdot ℃/kJ}$，由试验确定。

3.2.3　温度场的有限元求解

根据变分原理，三维非稳定温度场问题的求解可取如下泛函[10]：

$$I(T) = \iiint\limits_{R_t}\left\{\frac{1}{2}\left[\left(\frac{\partial T}{\partial x}\right)^2 + \left(\frac{\partial T}{\partial y}\right)^2 + \left(\frac{\partial T}{\partial z}\right)^2\right] + \frac{1}{\alpha}\left(\frac{\partial T}{\partial t} - \frac{\partial \theta}{\partial \tau}\right)T\right\}\mathrm{d}x\,\mathrm{d}y\,\mathrm{d}z$$

$$+ \iint\limits_{\overline{S}_t^2} f_2 T\,\mathrm{d}s + \iint\limits_{\overline{S}_t^3}\frac{\beta}{k}\left(\frac{T}{2} - T_a\right)T\,\mathrm{d}s \tag{3.10}$$

式中：R_t 为计算域；$\overline{S}_t^2$ 为第二类边界条件面；$\overline{S}_t^3$ 为第三类边界条件面。

将区域 R_t 用有限元离散后，有

$$I(T) = \sum_e I^e$$

$$I^e = \iiint\limits_{R_t^e}\left\{\frac{1}{2}\left[\left(\frac{\partial T}{\partial x}\right)^2 + \left(\frac{\partial T}{\partial y}\right)^2 + \left(\frac{\partial T}{\partial z}\right)^2\right] + \frac{1}{\alpha}\left(\frac{\partial T}{\partial t} - \frac{\partial \theta}{\partial \tau}\right)T\right\}\mathrm{d}x\,\mathrm{d}y\,\mathrm{d}z$$

$$+ \iint\limits_{\overline{S}_t^{2,e}} f_2 T\,\mathrm{d}s + \iint\limits_{\overline{S}_t^{3,e}}\frac{\beta}{k}\left(\frac{T}{2} - T_a\right)T\,\mathrm{d}s$$

由泛函的极值条件 $\dfrac{\delta I}{\delta T}=0$ 和时间域的向后差分，可得温度场有限元计算的递推方程：

$$\left(\boldsymbol{H}+\frac{1}{\Delta t_n}\boldsymbol{R}\right)\boldsymbol{T}_{n+1}-\frac{1}{\Delta t_n}\boldsymbol{R}\boldsymbol{T}_n+\boldsymbol{F}_{n+1}=0 \tag{3.11}$$

式中：$\boldsymbol{T}_n$ 和 $\boldsymbol{T}_{n+1}$ 为结点温度列阵。

$$H_{ij}=\sum_e(h_{ij}^e+g_{ij}^e) \tag{3.12}$$

$$h_{ij}^e=\iiint\limits_{\Delta R}\left(\frac{\partial N_i}{\partial x}\frac{\partial N_j}{\partial x}+\frac{\partial N_i}{\partial y}\frac{\partial N_j}{\partial y}+\frac{\partial N_i}{\partial z}\frac{\partial N_j}{\partial z}\right)\mathrm{d}x\,\mathrm{d}y\,\mathrm{d}z$$

$$g_{ij}^e=\frac{\beta}{k}\iint\limits_{\Delta c^3}N_iN_j\mathrm{d}s$$

$$R_{ij}=\sum_e r_{ij}^e \tag{3.13}$$

$$r_{ij}^e=\frac{1}{a}\iiint\limits_{\Delta R}N_iN_j\mathrm{d}x\,\mathrm{d}y\,\mathrm{d}z$$

$$F_i=\sum_e\left[f_i^e\frac{\partial\theta}{\partial\tau}+p_i^eT_a\right] \tag{3.14}$$

$$f_i^e=-\frac{1}{a}\iiint\limits_{\Delta R}N_i\mathrm{d}x\,\mathrm{d}y\,\mathrm{d}z$$

$$p_i^e=-\frac{\beta}{k}\iint\limits_{\Delta c^3}N_i\mathrm{d}s$$

式中：g_{ij}^e 和 p_i^e 是在第三类边界上的面积分，且只有当结点 i 落在该边界上时才有值。

式（3.11）即为非稳定温度场的有限元-差分支配方程，从而可以根据上一时刻的温度场 $\boldsymbol{T}_n$ 求解下一时刻的温度场 $\boldsymbol{T}_{n+1}$。

当采用等参单元进行计算时，母单元与子单元间存在微分几何关系：

$$\mathrm{d}x\,\mathrm{d}y\,\mathrm{d}z=|J|\mathrm{d}\xi\mathrm{d}\eta\mathrm{d}\zeta$$

其中：

$$|J| = \begin{vmatrix} \dfrac{\partial x}{\partial \xi} & \dfrac{\partial y}{\partial \xi} & \dfrac{\partial z}{\partial \xi} \\[2mm] \dfrac{\partial x}{\partial \eta} & \dfrac{\partial y}{\partial \eta} & \dfrac{\partial z}{\partial \eta} \\[2mm] \dfrac{\partial x}{\partial \zeta} & \dfrac{\partial y}{\partial \zeta} & \dfrac{\partial z}{\partial \zeta} \end{vmatrix} = \begin{vmatrix} \dfrac{\partial N_1}{\partial \xi} & \dfrac{\partial N_2}{\partial \xi} & \cdots & \dfrac{\partial N_m}{\partial \xi} \\[2mm] \dfrac{\partial N_1}{\partial \eta} & \dfrac{\partial N_2}{\partial \eta} & \cdots & \dfrac{\partial N_m}{\partial \eta} \\[2mm] \dfrac{\partial N_1}{\partial \zeta} & \dfrac{\partial N_2}{\partial \zeta} & \cdots & \dfrac{\partial N_m}{\partial \zeta} \end{vmatrix} \begin{bmatrix} x_1 & y_1 & z_1 \\ x_2 & y_2 & z_2 \\ \vdots & \vdots & \vdots \\ x_m & y_m & z_m \end{bmatrix}$$

从而可得:

$$h_{ij}^e = \int_{-1}^{1} \int_{-1}^{1} \int_{-1}^{1} \left[\frac{\partial N_i}{\partial x} \frac{\partial N_j}{\partial x} + \frac{\partial N_i}{\partial y} \frac{\partial N_j}{\partial y} + \frac{\partial N_i}{\partial z} \frac{\partial N_j}{\partial z} \right] |J| \mathrm{d}\xi \mathrm{d}\eta \mathrm{d}\zeta \tag{3.15}$$

其中:

$$\begin{Bmatrix} \dfrac{\partial N_i}{\partial x} \\[2mm] \dfrac{\partial N_i}{\partial x} \\[2mm] \dfrac{\partial N_i}{\partial x} \end{Bmatrix} = [J]^{-1} \begin{Bmatrix} \dfrac{\partial N_i}{\partial \xi} \\[2mm] \dfrac{\partial N_i}{\partial \eta} \\[2mm] \dfrac{\partial N_i}{\partial \zeta} \end{Bmatrix} \text{。}$$

同理,

$$g_{ij}^e = \frac{\beta}{k} \int_{-1}^{1} N_i N_j \sqrt{E_\eta E_\zeta - E_{\eta\zeta}^2} \,\big|_{\xi = \pm 1} \mathrm{d}\eta \mathrm{d}\zeta \tag{3.16}$$

$$r_{ij}^e = \frac{1}{a} \int_{-1}^{1} \int_{-1}^{1} \int_{-1}^{1} N_i N_j |J| \mathrm{d}\xi \mathrm{d}\eta \mathrm{d}\zeta \tag{3.17}$$

$$f_i^e = -\frac{1}{a} \int_{-1}^{1} \int_{-1}^{1} \int_{-1}^{1} N_i |J| \mathrm{d}\xi \mathrm{d}\eta \mathrm{d}\zeta \tag{3.18}$$

$$p_i^e = -\frac{\beta}{k} \int_{-1}^{1} \int_{-1}^{1} N_i \sqrt{E_\eta E_\zeta - E_{\eta\zeta}^2} \,\big|_{\xi = \pm 1} \mathrm{d}\eta \mathrm{d}\zeta \tag{3.19}$$

在式 (3.16) 和式 (3.19) 中

$$E_\xi = \left(\frac{\partial x}{\partial \xi} \right)^2 + \left(\frac{\partial y}{\partial \xi} \right)^2 + \left(\frac{\partial z}{\partial \xi} \right)^2 \qquad (\xi, \ \eta, \ \zeta)$$

$$E_{\xi\eta} = \frac{\partial x}{\partial \xi} \frac{\partial x}{\partial \eta} + \frac{\partial y}{\partial \xi} \frac{\partial y}{\partial \eta} + \frac{\partial z}{\partial \xi} \frac{\partial z}{\partial \eta} \qquad (\xi, \ \eta, \ \zeta)$$

式 (3.16) 和式 (3.19) 适用于外边界方程为 $\xi = \pm 1$ 的情况,如果其他边界也是外边界,应增加相应的元素。上述各系数计算均采用高斯数值积分。

对于准稳定温度场，式（3.10）中 $\dfrac{\partial \theta}{\partial \tau}=0$，故仍可按式（3.11）计算，只是在计算荷载列阵 $\boldsymbol{F}$ 时须令 $f_i^e=0$。

对于稳定温度场，有 $\dfrac{\partial \theta}{\partial \tau}=0$、$\dfrac{\partial T}{\partial t}=0$，式（3.11）退化为

$$\boldsymbol{HT}=0 \tag{3.20}$$

3.3　混凝土应力场基本理论和有限单元法

3.3.1　应力场的基本方程

根据弹性徐变理论，用增量初应变方法计算施工期、运行期内由于变温和体积变形等因素而引起的应力变化规律[10]。应变增量包括弹性应变增量、徐变应变增量、温度应变增量、干缩应变增量和自生体积变形增量，即

$$\Delta \varepsilon_n = \Delta \varepsilon_n^e + \Delta \varepsilon_n^c + \Delta \varepsilon_n^T + \Delta \varepsilon_n^s + \varepsilon_n^0 \tag{3.21}$$

式中：$\Delta \varepsilon_n^e$ 为弹性应变增量；$\Delta \varepsilon_n^c$ 为徐变应变增量；$\Delta \varepsilon_n^T$ 为温度应变增量；$\Delta \varepsilon_n^s$ 为干缩应变增量；$\Delta \varepsilon_n^0$ 为自生体积变形增量。

弹性应变增量 $\Delta \varepsilon_n^e$ 由下式计算：

$$\Delta \boldsymbol{\varepsilon}_n^e = \frac{1}{E(\bar{\tau}_n)} \boldsymbol{Q} \Delta \sigma_n \qquad \left(\bar{\tau}_n = \frac{\tau_{n-1}+\tau_n}{2} \right) \tag{3.22}$$

式中：Q 见后面的式（3.28）；弹性模量 $E(\bar{\tau}_n)$ 可采用朱伯芳提出的双指数式求出：

$$E(\tau) = E_0(1 - e^{-a\tau^b}) \qquad （E_0 \text{ 为最终弹性模量}） \tag{3.23}$$

徐变应变增量 $\Delta \varepsilon_n^c$ 由下式计算：

$$\Delta \varepsilon_n^c = \eta_n + C(t_n,\ \bar{\tau}_n) \boldsymbol{Q} \Delta \sigma_n \tag{3.24}$$

其中：

$$\eta_n = \sum_s (1 - e^{-r_s \Delta \tau_n}) \omega_{sn} \tag{3.25}$$

$$\omega_{sn} = \omega_{s,\,n-1} e^{-r_s \Delta \tau_{n-1}} + \boldsymbol{Q} \Delta \sigma_{n-1} \boldsymbol{\Psi}_s(\bar{\tau}_{n-1}) e^{-0.5 r_s \Delta \tau_{n-1}} \tag{3.26}$$

$$C(t_n, \tau_n) = \sum_s \Psi_s(\tau)\left[1 - e^{-r_s(t-\tau)}\right] \tag{3.27}$$

对于空间问题，

$$Q = \begin{bmatrix} 1 & -\mu & -\mu & 0 & 0 & 0 \\ & 1 & -\mu & 0 & 0 & 0 \\ & & 1 & 0 & 0 & 0 \\ & 对 & & 2(1+\mu) & 0 & 0 \\ & & 称 & & 2(1+\mu) & 0 \\ & & & & & 2(1+\mu) \end{bmatrix} \tag{3.28}$$

$$Q^{-1} = \begin{bmatrix} 1 & \dfrac{\mu}{1-\mu} & \dfrac{\mu}{1-\mu} & 0 & 0 & 0 \\ & 1 & \dfrac{\mu}{1-\mu} & 0 & 0 & 0 \\ & & 1 & 0 & 0 & 0 \\ & 对 & & \dfrac{1-2\mu}{2(1+\mu)} & 0 & 0 \\ & & 称 & & \dfrac{1-2\mu}{2(1+\mu)} & 0 \\ & & & & & \dfrac{1-2\mu}{2(1+\mu)} \end{bmatrix}$$

$$\tag{3.29}$$

温度应变增量 $\Delta\varepsilon_n^T$ 由非稳定温度场计算结果求得，求出温度场后可由下式求得

$$\Delta\varepsilon_n^T = \{\alpha\Delta T_n, \ \alpha\Delta T_n, \ \alpha\Delta T_n, \ 0, \ 0, \ 0\} \tag{3.30}$$

式中：α 为热膨胀系数；ΔT_n 为温度差。

自生体积收缩应变增量 $\Delta\varepsilon_n^0$ 由下式计算：

$$\varepsilon_n^0 = \varepsilon_0^s(1 - e^{-c\tau_n^d}), \ \Delta\varepsilon_n^0 = \varepsilon_n^0 - \varepsilon_{n-1}^0 \tag{3.31}$$

式中：ε_0^s 为最终自生体积收缩应变。

对于大体积混凝土来说，干缩应变仅限于表面，较小，ε_n^s 可视为 0。

在任一时刻 Δt_i 内，由弹性徐变理论的基本假定可得增量形式的

物理方程：

$$\Delta\sigma_n = \bar{D}_n(\Delta\varepsilon_n - \eta_n - \Delta\varepsilon_n^T - \Delta\varepsilon_n^s) \tag{3.32}$$

$$\bar{D}_n = \bar{E}_n Q^{-1} \tag{3.33}$$

$$\bar{E}_n = \frac{E(\bar{\tau}_n)}{1 + E(\bar{\tau}_n)C(t_n, \bar{\tau}_n)} \tag{3.34}$$

3.3.2　应力场计算的有限单元法

由物理方程和几何、平衡方程可得任一时段 Δt_i 时段在区域 R_i 上的有限元支配方程：

$$K_i\Delta\delta_i = \Delta P_i^G + \Delta P_i^C + \Delta P_i^T + \Delta P_i^S \tag{3.35}$$

式中：$\Delta\delta_i$ 为 R_i 区域内所有节点三个方向上的位移增量；ΔP_i^G 为 Δt_i 时段内由外荷载引起的等效节点力增量；ΔP_i^C 为徐变引起的等效节点力增量；ΔP_i^T 为变温引起的等效节点力增量；ΔP_i^S 为由于干缩和其他因素引起的等效节点力增量。

由各个单元叠加得到：

$$\Delta P_i^G = \sum_e \Delta P_i^{Ge}, \ \Delta P_i^C = \sum_e \Delta P_i^{Ce}, \ \Delta P_i^T = \sum_e \Delta P_i^{Te},$$
$$\Delta P_i^S = \sum_e \Delta P_i^{Se} \tag{3.36}$$

劲度矩阵 K_i 由各个单元的劲度矩阵叠加得到：

$$K_i = \sum_e k^e \tag{3.37}$$

位移模式为

$$\begin{Bmatrix} u \\ v \\ w \end{Bmatrix} = \begin{bmatrix} N_1 & 0 & 0 & N_2 & 0 & 0 & \cdots & N_m & 0 & 0 \\ 0 & N_1 & 0 & 0 & N_2 & 0 & \cdots & 0 & N_m & 0 \\ 0 & 0 & N_1 & 0 & 0 & N_2 & \cdots & 0 & 0 & N_m \end{bmatrix} \delta \tag{3.38}$$

位移和应变之间的关系为

$$\varepsilon = B\delta \tag{3.39}$$

其中：

$$\boldsymbol{B} = \begin{bmatrix} B_1 & B_2 & B_3 & \cdots & B_m \end{bmatrix}^T \tag{3.40}$$

$$\boldsymbol{B}_i = \begin{bmatrix} \dfrac{\partial N_i}{\partial x} & 0 & 0 & \dfrac{\partial N_i}{\partial y} & 0 & \dfrac{\partial N_i}{\partial z} \\[2mm] 0 & \dfrac{\partial N_i}{\partial y} & 0 & \dfrac{\partial N_i}{\partial x} & \dfrac{\partial N_i}{\partial z} & 0 \\[2mm] 0 & 0 & \dfrac{\partial N_i}{\partial z} & 0 & \dfrac{\partial N_i}{\partial y} & \dfrac{\partial N_i}{\partial x} \end{bmatrix}^{\mathrm{T}} \quad (i=1,\,2,\,\cdots,\,m)$$

$$(3.41)$$

单元劲度矩阵 $\boldsymbol{k}^e$ 为

$$\boldsymbol{k}^e = \iiint\limits_{\Delta R_i^e} \boldsymbol{B}^T D B \,\mathrm{d}x\,\mathrm{d}y\,\mathrm{d}z \tag{3.42}$$

ΔP^{Ge}、ΔP^{Ce}、ΔP^{Te} 和 ΔP^{Se} 按下式计算：

$$\Delta P^{Ge} = \iiint\limits_{\Delta R_i^e} [\boldsymbol{B}]^{\mathrm{T}}[\boldsymbol{D}]\{\Delta\varepsilon^{Ge}\}\,\mathrm{d}x\,\mathrm{d}y\,\mathrm{d}z \tag{3.43}$$

$$\Delta P^{Ce} = \iiint\limits_{\Delta R_i^e} [\boldsymbol{B}]^{\mathrm{T}}[\boldsymbol{D}]\{\Delta\varepsilon^{Ce}\}\,\mathrm{d}x\,\mathrm{d}y\,\mathrm{d}z \tag{3.44}$$

$$\Delta P^{Te} = \iiint\limits_{\Delta R_i^e} [\boldsymbol{B}]^{\mathrm{T}}[\boldsymbol{D}]\{\Delta\varepsilon^{Te}\}\,\mathrm{d}x\,\mathrm{d}y\,\mathrm{d}z \tag{3.45}$$

$$\Delta P^{Se} = \iiint\limits_{\Delta R_i^e} [\boldsymbol{B}]^{\mathrm{T}}[\boldsymbol{D}]\{\Delta\varepsilon^{Se}\}\,\mathrm{d}x\,\mathrm{d}y\,\mathrm{d}z \tag{3.46}$$

式中：$\Delta\varepsilon^{Ce}$、$\Delta\varepsilon^{Te}$、$\Delta\varepsilon^{Se}$ 分别按式(3.24)、式(3.30)、式(3.31) 计算。

　　由上述各式即可求得任意时段 Δt_i 内的位移增量 $\Delta\delta_i$，再由下式可算得 Δt_i 内各个单元的应力增量：

$$\Delta\sigma_i = DB\Delta\delta_i^e - D(\Delta\varepsilon_i^C + \Delta\varepsilon_i^T + \Delta\varepsilon_i^S) \tag{3.47}$$

将各时段的位移、应力增量累加，即可求得任意时刻的位移场和应力场：

$$\delta_i = \sum_{j=1}^{N} \Delta\delta_j \quad, \qquad \sigma_i = \sum_{j=1}^{N} \Delta\sigma_j \tag{3.48}$$

3.4　混凝土水管冷却计算方法

　　对于大体积混凝土结构而言，仅依靠天然冷却来达到坝体的稳定温度，历时常常需要长达几年、几十年甚至上万年的时间。因此，在施工过程中必须采取人工冷却措施，使混凝土尽快降低到坝体的稳定温度，进行接缝灌浆，然后再蓄水。1931 年夏天，美国垦务局率先在欧维希（Owyhee）坝进行了混凝土水管冷却的现场试验，试验结果表明水管冷却十分有效。两年后胡佛坝开始施工，全面采用水管冷却，效果良好。此后，这项技术在全世界得以推广应用，并成为一项重要的混凝土冷却措施。在我国，水管冷却技术首次于 1956 年在响洪甸拱坝中应用[10]。

大坝等大体积混凝土的水管冷却一般分两期进行，一期冷却是在混凝土刚浇筑完成甚至正在浇筑时就开始，主要目的是导出内部水化热量，降低混凝土温度。一期冷却的持续时间与混凝土的浇筑温度、水管的布置及冷却水温等因素有关，一般控制在 15～30d。二期冷却是在接缝灌浆前进行的，主要目的是将混凝土的温度降低到坝体的稳定温度。如有必要，也可在入冬前对高温混凝土进行中期冷却。中期冷却的目的有两个：①降低混凝土内部的温度，减小坝体混凝土内外温差，防止坝体表面出现裂缝；②降低坝体平均温度，减小二期冷却的工程量。

在他人工作的基础上[10,11]，朱岳明教授提出一种基于有限单元法的数值计算方法，能在理论上较严密地求解三维有水管冷却的混凝土温度场问题。另外，针对实际工程中的水管布置大都为蛇形布置这一问题，提出按水流方向计算沿程水温，不必采用截弯取直的方法，因此可以很好地计算蛇形水管中流动水的水温增量，提高了温度场计算的精确程度。

3.4.1　沿程水温增量的计算

任取一段含有冷却水管的混凝土，见图 3.2。

根据傅里叶热传导定律，水管外壁面的热流量为 $q = -\lambda \dfrac{\partial T}{\partial n}$。

图 3.3 为水管冷却交换图，考察在 dt 时段内在截面 W_1 和截面 W_2 之间水管段混凝土和水流之间的热量交换，混凝土体经水管壁面 Γ^0 面向水流释放的热量为

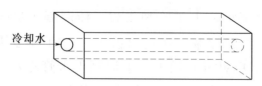

图 3.2　水管冷却混凝土单元

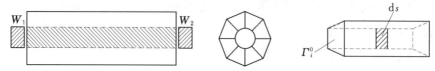

图 3.3　水管冷却热交换图

$$dQ_c = \iint\limits_{\Gamma^0} q_i \, ds \, dt = -\lambda \iint\limits_{\Gamma^0} \frac{\partial T}{\partial n} ds \, dt \qquad (3.49)$$

水管段中入口截面流入 W_1 水体的热能为

$$dQ_{w_1} = c_w \rho_w T_{w_1} q_w dt \qquad (3.50)$$

水管段中出口截面 W_2 流出水体的热能为

$$dQ_{w_2} = c_w \rho_w T_{w_2} q_w dt \qquad (3.51)$$

式中：q_w、c_w 和 ρ_w 分别为冷却水的流量、比热和密度；T_{w_1} 和 T_{w_2} 分别为水管段的入口水温和出口水温。

截面之间水体自身的热能变化为

$$dQ_w = \int c_w \rho_w A_p \left(\frac{\partial T_{w_p}}{\partial t} dt \right) dl \qquad (3.52)$$

式中：T_{w_p} 为水管内的水体温度；A_p 为水管的截面积。

由热能平衡条件得

$$dQ_{w_2} = dQ_{w_1} + dQ_c - dQ_w \qquad (3.53)$$

将式 （3.49）、式 （3.50）、式 （3.51） 和式 （3.52） 代入式 （3.53），可推得

$$\Delta T_{w_i} = \frac{-\lambda}{c_w \rho_w q_w} \iint\limits_{\Gamma^0} \frac{\partial T}{\partial n} ds + \frac{A_p}{q_w} \int \frac{\partial T_{w_p}}{\partial t} dl \qquad (3.54)$$

工程应用中，式 （3.54） 可简化成

$$\Delta T_{w_i} = \frac{-\lambda}{c_w \rho_w q_w} \iint\limits_{\Gamma^0} \frac{\partial T}{\partial n} ds \qquad (3.55)$$

$$\frac{\partial T}{\partial n} = \frac{\partial T}{\partial x}\cos\alpha + \frac{\partial T}{\partial y}\cos\beta + \frac{\partial T}{\partial z}\cos\gamma \qquad (3.56)$$

式中：α、β、γ 分别为 x、y、z 轴各自到曲面 Γ^0 法线 n 的转角。

这里在对沿程水温增量推求时，由于是直接的曲面积分而不是通过假定水管半径方向的温度梯度沿水管长度线性变化来计算 ΔT_{w_i} 的近似值，因而求得的 ΔT_{w_i} 为精确解。具体计算式（3.55）时，需要沿冷却水管外缘面作高斯积分。

由于冷却水的入口温度 T_{w_0} 已知，利用式（3.55），可以对每一根冷却水管沿水流方向逐段推求沿程水温。设某根冷却水管共分为 m 段，则第 i 水管段内的水温增量 ΔT_{w_i} 为[11]

$$T_{w_i} = T_{w_0} + \sum_{j=1}^{i} \Delta T_{w_j} (i = 1, 2, 3, \cdots, m) \qquad (3.57)$$

3.4.2　冷却水温的迭代计算

在式（3.54）和式（3.55）中，水管沿程水温的计算与温度梯度 $\partial T / \partial n$ 有关，所以水管冷却混凝土温度场是一个边界非线性问题，温度场的解无法直接求出，必须采用迭代解法逐步逼近真解。在每一个步的求解中，开始迭代时可先假定整根冷却水管的沿程水温均等于冷却水的入口温度，求得温度场中间解，进而可根据式（3.55）和式（3.57）求得整根水管的沿程水温；重复上述过程，直到混凝土温度场和冷却水温都趋于稳定，迭代求解结束。

精度控制指标可取为

$$\max_{i=1, 2, \cdots, n} (|T_i^k - T_i^{k+1}|) \leqslant \varepsilon \qquad (3.58)$$

式中：T_i 为结点 i 的温度；k 为迭代序数；ε 为迭代阈值。

据笔者的经验，在实际计算中，当取 $\varepsilon = 0.001$ 时，早期迭代次数一般为 4~6 次，后期为 2~3 次。计算表明，所需的迭代次数随冷却水管数目的增加而增大，但总的迭代效率还是很高的。

3.4.3　水管边界条件的确定[104]

当冷却水管选用金属质水管时，由于金属的导热性能较好，一般可以忽略水管本身的热阻，水管外管处的混凝土温度与水温相同，即水管边界可以视为第一类边界条件。

当冷却水管选用塑料管时，由于塑料导热性能远远不如金属，水管本身的热阻不能忽略，水管外管壁处的混凝土温度要高于水温。在仿真计算中，塑料管边界可视为第三类边界条件，利用水管表面热交换系数来描述水管的散热能力。水管表面热交换系数与水管材料的导热性能、水管的直径与壁厚以及水流速度等众多因素有关，可以通过后文所述的混凝土温度场反演计算获得。

3.5　本章小结

（1）介绍了混凝土温度场的基本原理和方程，包括热传导方程的推导过程，非稳定、准稳定和稳定温度场的定义，初始条件和边界条件的确定等，并对非稳定温度场的有限单元法进行了详细推导。

（2）阐述了混凝土应力场的基本原理和方程，并就混凝土应力场三维有限单元法的推导过程进行了详细介绍。

（3）对混凝土水管冷却技术的仿真计算原理进行了阐述，介绍了目前在算法上比较严密的水管中沿程水温增量的计算方法、冷却水温的迭代计算以及不同管质水管的边界条件确定方法，为后面的应用提供了科学依据。

第4章

>>>

混凝土热学参数试验与反分析

4.1 概述

美国混凝土学会认为，任何现浇混凝土结构，当达到必须解决水化热及由此引起的体积变形问题，以便最大限度地减少其对开裂的影响时，都要采取温控措施。由于水工薄壁结构大都采用高性能混凝土，水灰比低，水化反应剧烈，混凝土温升高，因此施工期必须采用温控措施，减小温度应力，防止裂缝产生。

仿真计算是进行混凝土温度应力研究的一个重要手段。对未建混凝土结构，运用仿真计算方法对混凝土在选定材料参数和施工措施下的设计方案进行分析比较，筛选适时合理的设计方案；对于在建混凝土结构，仿真计算则是针对实际施工情况进行安全监控并及时对设计方案进行调整的依据。

在混凝土温度与应力仿真计算中，混凝土热学特性参数的准确与否直接关系到计算结果的精确与否。由于水泥水化放热是一个漫长的过程以及受其他诸多因素的影响，要直接测得混凝土的热学特性参数几乎是不可能的。目前来看，这些参数的确定通常通过经验公式或试验得到，由于环境条件和试验设备与施工现场有较大差别，因此这些参数往往和施工现场混凝土的热学参数有较大出入。为了克服这些缺陷，可通过现场实测数据进行反分析以获取热学特性参数，这将成为部分替代实验室选取参数的有效途径之一。

反问题是相对于正问题而言的，已知描述系统的模型及输入，求出输出，即为正问题，而通过量测输出、系统的模型或模型参数，求出输入，就为反问题。反分析是指通过施工现场温度测点的温度数据，利用遗传算法对其进行反演分析，得到反映施工现场的混凝土热学特性参数。以这些参数为依据，再对后续施工混凝土进行仿真计算（反馈计算），并及时调整温控方案，指导现场施工，如此循环，直到工程建设完工，反分析流程见图 4.1。由此可见，仿真计算与反分析两者之间是密不可分的。

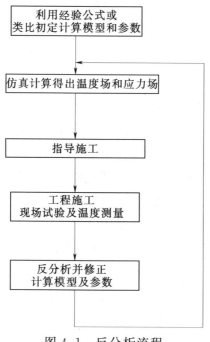

图 4.1　反分析流程

混凝土热学参数有很多，包括混凝土比热 c、导温系数 a、导热系数 λ、表面热交换系数 β、绝热温升值 θ_0 及绝热温升规律参数等。但是对温控仿真计算比较重要，实验室又很难确定且受外界影响显著的参数主要是表面热交换系数 β、绝热温升值 θ_0 及绝热温升规律参数，本节的反分析主要针对这些参数进行。

4.2　反分析原理与算法

反问题分为两类，分别为系统辨识和参数辨识。系统辨识是通过量测得到系统的输出和输入数据来确定描述这个系统的数学方程，即模型结构。为了得到这个模型，我们可以用各种输入来试探该系统并观测其响应（输出），然后对输入-输出数据进行处理来得到模型。系统辨识又可分为"黑箱问题"和"灰箱问题"。"黑箱问题"又称完全辨识问题，即被辨识系统的基本特征完全未知，要辨识这类系统是很困难的，目前尚无有效的方法；"灰箱问题"又称不完全辨识问题，在这类问题中，系统的某些基本特征为已知，不能确切知道的只是系统方程的阶次和系数，这类问题比"黑箱问题"容易处理。参数辨识是在模型结构已知的情形下，根据能够测出来的输入输出来决定模型中的某些或全部参数。参数辨识是近几年发展较快的年轻学科，在各个领域都引起了重视。

遗传算法是基于生物进化仿生学算法的一种，它建立于达尔文生物进化的"物竞天择，适者生存"的基本理论之上，是一种自适应概率性全局优化搜索算法，可处理设计变量离散、目标函数多峰值且导数不存在、可行域狭小且为凹形等优化问题。遗传算法作为一种智能化的全局搜索算法，自 20 世纪 80 年代问世以来便在数值优化、系统控制、结构优化设计、参数辨识等诸多领域的应用中展现了其特有的魅力。

4.2.1　遗传算法原理

对于一个求函数最小值的优化问题（求函数最大值也类同），一般可描述为下述数学规划模型：

$$\min \quad f(X) \tag{4.1}$$

$$X \in R \tag{4.2}$$

$$R \subseteq U \tag{4.3}$$

式中：$X = [x_1, x_2, \cdots, x_n]^T$ 为决策变量，$f(X)$ 为目标函数，式 (4.2)、式 (4.3) 为约束条件，U 是基本空间，R 是 U 的一个子集。满足约束的解 X 称为可行解，集合 R 表示由所有满足约束条件的解所组成的一个集合，叫做可行解集合。最优化问题的可行解及可行解集合见图 4.2。

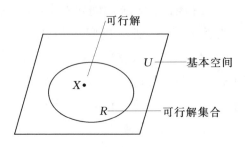

图 4.2 最优化问题的可行解及可行解集合

对于上述最优化问题，目标函数和约束条件种类繁多，有的是线性的，有的是非线性的；有的是连续的，有的是离散的；有的是单峰值的，有的是多峰值的。随着研究的深入，人们逐渐认识到在很多复杂情况下要想完全精确地求出其最优解既不可能，也不现实，因而求出其近似最优解或满意解是人们的主要着眼点之一。

遗传算法为我们解决最优化问题提供了一个有效的途径和通用框架，开创了一种新的全局优化搜索算法。遗传算法中，将 n 维决策向量 $X = [x_1, x_2, \cdots, x_n]^T$ 用 n 个记号 $X_i(i=1, 2, \cdots, n)$ 所组成的符号串 X 来表示：

$$X = X_1 X_2 \cdots X_n \Rightarrow X = [x_1, x_2, \cdots x_n]^T$$

把每一个 X_i 看作一个遗传基因，它的所有可能取值称为等位基因，这样，X 就可看作是由 n 个遗传基因所组成的一个染色体。一般情况下，染色体长度 n 是固定的，但对一些问题 n 也可以是变化的。根据不同的情况，这里的等位基因可以是一组整数，也可以是某一范围内的实数值，或者是纯粹的一个记号。最简单的等位基因是由 0 和 1 这两个整数组成的，相应的染色体就表示为一个二进制符号串。这种编码所形成的排列形式 X 是个体的基因型，与它对应的 X 值是个体的表现型。通常个体的表现型和其基因型是一一对应的，但有时也允许基因型和表现型是多对一的关系。染色体 X 也称为个体 X，对于每一个个体 X，要按照一定的规则确定出其适应度。个体的适应度与其对应的个体表现型 X 的目标函数值相关联，X 越接近目标函数的最优点，其适应度越大；反之，其适应度越小。

遗传算法中，决策变量 X 组成了问题的解空间。对问题最优解的搜索是通过对染色体 X 的搜索过程来进行的，从而由所有的染色体 X 就组成了问题的搜索空间。

生物的进化是以集团为主体的。与此相对应，遗传算法的运动对象是由 M 个个体所组成的集合，称为种群。与生物一代一代的自然进化过程相类似，遗传算法的运算过程也是一个反复迭代过程，第 t 代种群记作 $P(t)$，经过一代遗传和进化后，得到第 $t+1$ 代种群，它们也是由多个个体组成的集合，记作 $P(t+1)$。这个群体不断地经过遗传和进化操作，并且每次都按照优胜劣汰的规则将适应度较高的个体更多地遗传到下一代，这样最终在群体中将会得到一个优良的个体 X，它所对应的表现型 X 将达到或接近于问题的最优解 X^*。

生物的进化过程主要是通过染色体之间的交叉和染色体的变异来完成的。与此相对应，遗传算法中最优解的搜索过程也模仿生物的这个进化过程，使得所谓的遗传算子作用于种群 $P(t)$ 中，从而得到新一代种群 $P(t+1)$。

（1）选择：根据各个个体的适应度，按照一定的规则或方法，从第 t 代种群 $P(t)$ 中选择出一些优良的个体遗传到下一代种 $P(t+1)$ 中。

（2）交叉：将种群 $P(t)$ 内的个体随机搭配成对，对每一对个体，以某个概率（称为交叉概率）交换它们之间的部分染色体。

（3）变异：对种群 $P(t)$ 中的每一个个体，以某一概率（称为变异概率）改变某一个或某一些基因座上的基因值为其他的等位基因。

4.2.2 基本遗传算法

基本遗传算法（basic genetic algorithm）[185] 是模拟自然界中的进化过程或演变的算法，它把适者生存原则和结构化及随机化的信息交换结合在一起，形成了具有某些人类智能的特征，这正好能很好地克服传统计算结构可靠指标等方面的不足。基本遗传算法内容主要包括编码、构造适应度函数、染色体的结合等，其中染色体的结合包括选择算子、交叉算子、变异算子等运算。

4.2.2.1　编码

在遗传算法的运行过程中，它不对所求解的问题的实际决策变量直接进行操作，而是对表示可行解的个体编码施加遗传运算，通过遗传操作来达到优化目的。通过对个体编码的操作，不断搜索出适应度较高的个体，并在群体中逐渐增加其数量，最终寻求出问题的最优解或近似最优解。

编码是应用遗传算法时要解决的首要问题，也是设计遗传算法时的一个重要步骤。编码方法除了决定了个体的染色体排列形式之外，还决定了个体从搜索空间的基因型变换到解空间的表现型时的解码方法。

遗传算法中表示参数向量结构的常用编码方式有 3 种，即二进制编码、格雷编码和浮点数编码。在这三种编码方式中，浮点数编码长度等于参数向量的维数，在达到同等精度要求的情况下，编码长度远小于二进制码和格雷编码，并且浮点数编码使用计算变量的真实值，无需数据转换，便于运用，所以浮点数编码方法也叫做真值编码方法。采用浮点数编码方式。

4.2.2.2　初始化过程

设 n 为初始种群数目，随机产生 n 个初始染色体。对于一般反分析问题，很难给出解析的初始染色体，通常采用以下方法：给定的可行集 $\boldsymbol{\Phi} = \{(\phi_1, \phi_2, \cdots, \phi_m) \mid \phi_k \in [a_k, b_k], k = 1, 2, \cdots, m\}$，其中，$m$ 为染色体基因数，即反分析参数个数；$[a_k, b_k]$ 是向量 $(\phi_1, \phi_2, \cdots, \phi_m)$ 第 k 维参变量 ϕ_k 的限制条件。在可行集 $\boldsymbol{\Phi}$ 中选择一个合适内点 V_0，并定义 M，在 R^m 中取一个随机单位方向向量 D，即 $\|D\| = 1$，记 $V = V_0 + MD$，若 $V \in \boldsymbol{\Phi}$，则 V 为一合格的染色体，否则置 M 为 0 和 M 之间的一个随机数，至 $V \in \boldsymbol{\Phi}$ 为止。重复上述过程 n 次，获取 n 个合格的初始染色体 $V_1, V_2, \cdots, V_n$。

4.2.2.3　构造适应度函数

在研究自然界中生物的遗传和进化现象时，生物学家使用适应度这个术语来度量某个物种对于其生存环境的适应程度。与此类似，遗传算法中也使用适应度这个概念来度量群体中各个个体在优化计算中有可能达到或接近于或有助于找到最优解的优良程度。度量个体适应度的函数称为适应度函数（Fitness Function）。

构造适应度函数是遗传算法的关键，应引导遗传进化运算向获取优化问题的最优解方向进行。建立基于序的适应度评价函数，种群按目标值进行排序，适应度仅仅取决于个体在种群中的序位，而不是实际的目标值。排序方法克服了比例适应度计算的尺度问题，即当选择压力（最佳个体选中的概率与平均选中概率的比值）太小时，易导致搜索带迅速变窄而产生过早收敛，再生范围被局限。排序方法引入种群均匀尺度，提供了控制选择压力的简单有效的方法。

让染色体 V_1、V_2、$\cdots$、V_n 按个体目标函数值的大小降序排列，使得适应性强的染色体被选择产生后代的概率更大。设 $\alpha \in (0, 1)$，定义基于序的适应度评价函数

$$\mathrm{eval}(V_i) = \alpha\,(1-\alpha)^{i-1} \qquad (i = 1, 2, \cdots, n) \qquad (4.4)$$

4.2.2.4 选择算子

在生物的遗传和自然进化工程中，对生存环境适应度较高的物种将有更多的机会遗传下一代，而对生存环境适应度较低的物种遗传到下一代的机会就相对较小。模仿这一过程，遗传算法使用选择算子来对群体中的个体进行优胜劣汰操作。选择操作就是确定如何从父代群体中按某种方法选取哪些个体遗传到下一代群体中的一种遗传运算。选择算子有很多种，比如比例选择、确定式采样选择、无回放随机选择、排序选择等等。

采用比例选择算子，该算子是一种随机采样方法，以旋转赌轮 n 次为基础，每次旋转都可选择一个体进入子代种群，父代个体 V_i 被选择的概率 p_i 为

$$p_i = \mathrm{eval}(V_i) \Big/ \sum_{i=1}^{n} \mathrm{eval}(V_i) \qquad (4.5)$$

由式（5.5）可见，适应度越高的个体被选中的概率就越大，具体操作过程如下：①计算累积概率 P_I：$P_I = \sum_{i=1}^{I} p_i$；$i = 1, 2, \cdots, I$；

$I \in [1, n]$；$P_0 = 0$；②从区间（0，1）产生一个随机数 θ；③若 $\theta \in$ （P_{I-1}，P_I），则 V_I 进入子代种群；④重复步骤 2～3 共 n 次，从而得到子代种群所需的 n 个染色体。

4.2.2.5 交叉算子

在生物的自然进化过程中，两个同源染色体通过交配而重组，形成新的染色体，从而产生出新的个体或物种。交配重组是生物遗传和进化过程中的一个主要环节，模仿这个环节，在遗传算法中使用交叉算子来产生新的个体。

遗传算法中的所谓交叉运算，是指对两个相互配对的染色体按某种方式相互交换其部分基因，从而形成两个新的个体。交叉运算是遗传算法区别于其他进化算法的重要特征，它在遗传算法中起到重要作用，是产生新个体的主要方法，其作用是在不过多破坏种群优良个体的基础上，有效产生一些较好个体。一般常见的交叉算子有单点交叉，双点或多点交叉，均匀交叉，线性交叉等。

采用线性交叉的方式，依据交叉概率 p_c 随机产生父代个体，并两两配对，对任一组参与交叉的父代个体（V_i^l，V_j^l），产生的子代个体（V_i^{l+1}，V_j^{l+1}）为

$$\left.\begin{array}{l} V_i^{l+1} = \lambda V_j^l + (1-\lambda)V_i^l \\ V_j^{l+1} = \lambda V_i^l + (1-\lambda)V_j^l \end{array}\right\} \quad (4.6)$$

式中：λ 为进化变量，由进化代数决定，$\lambda \in$（0，1）；l 为进化代数。

4.2.2.6 变异算子

在生物的遗传和自然进化过程中，其细胞分裂复制环节有可能会因为某些偶然因素的影响而产生一些复制差错，这样就会导致生物的某些基因发生某种变异，从而产生出新的染色体，表现出新的生物性状，但是这种变异的可能性比较小。模仿生物遗传和进化过程中的这个变异环节，在遗传算法中也引入了变异算子来产生出新的个体。

遗传算法中的所谓变异运算，是指将个体染色体编码串中的某些基因座上的基因值用该基因座的其他等位基因来替换，从而形成

一个新的个体，它的主要作用是改善算法的局部搜索能力，维持种群的多样性，减少出现早熟现象。变异算子一般包括，基本位变异、均匀变异、非均匀变异、高斯变异等。

采用非均匀算子进行种群变异运算。依据变异概率 p_m 随机产生参与变异的父代个体 $V_i^l = (v_1^l, v_2^l, \cdots, v_m^l)$，对每个参与变异的基因 v_k^l，若该基因的变化范围为 $[a_k, b_k]$，则变异基因值 v_k^{l+1} 由下式决定：

$$v_k^{l+1} = \begin{cases} v_k^l + f(l, b_k - \delta_k) & rand(0, 1) = 0 \\ v_k^l + f(l, \delta_k - a_k) & rand(0, 1) = 1 \end{cases} \tag{4.7}$$

式中：$rand(0, 1)$ 为以相同概率从 $[0, 1]$ 中随机取值；δ_k 为第 k 个基因微小扰动量；$f(l, x)$ 为非均匀随机分布函数，按下式定义：

$$f(l, x) = x(1 - y^{\mu(1-l/L)}) \tag{4.8}$$

式中：x 为分布函数参变量；y 为 $[0, 1]$ 区间上的随机数；μ 为系统参数，取 $\mu = 2.0$；L 为允许最大进化代数。

由式（4.7）和式（4.8）可知，非均匀变异可使得遗传算法在其初始阶段（l 较小时）进行均匀随机搜索，而在其后期运行阶段（l 较接近于 L 时）进行局部搜索，所以它产生的新基因值比均匀变异所产生的基因值更接近于原有基因值。所以，随着遗传算法的进行，非均匀变异就使得最优解的搜索过程更加集中在某一有希望的重点区域中。

4.2.3 加速遗传算法

遗传算法从可行解集组成的初始种群出发，同时对多个可行解进行选择、交叉和变异等随机操作，使得遗传算法在隐含并行多点搜索中具备很强的全局搜索能力。也正因为如此，基本遗传算法（BGA）的局部搜索能力较差，对搜索空间变化适应能力差，并且易出现早熟现象。为了在一定程度上克服上述缺陷，控制进化代数，降低计算工作量，文献 [186] 中提出了加速遗传算法（accelerating genetic algorithm）。加速遗传算法是在基本遗传算法的基础上，利用最近两代进化操作产生的优秀个体的变化区间重新确定基因的限制条件，重新生成初始种群，再进行遗传进化运算。如此循环，可以进一步充分利用进化迭代产生的优秀个体，快速压缩初始种群基因控制区间的大小，提高遗传算法的运算效率。加速遗传算法（AGA）和基本遗传算法（BGA）相比，虽然进化迭代的速度和效率有所提高，但并没有从根本上解决算法局部搜索能力低及早熟收敛的问题，另外，基本遗传算法和加速遗传算法都未能解决存优的问题。

为了加强遗传算法的局部寻优能力并提高计算效率，文献[187]在加速遗传算法的基础上进行了改进，其核心是：①按适应度对染色体进行分类操作，分别按比例 x_1、x_2、x_3 将染色体分为最优染色体、普通染色体和最劣染色体，$x_1 + x_2 + x_3 = 1$，一般 $x_1 \leqslant 5\%$，$x_2 \leqslant 85\%$，$x_3 \leqslant 10\%$，取值和进化代数 l 有关，最优染色体直接复制，普通染色体参与交叉运算，最劣染色体参与变异运算，从而产生拟子代种群，这主要解决存优问题及提高算法的局部搜索能力；②引入小生境淘汰操作[188]，先将分类操作前记忆的前 NR 个体和拟子代种群合并，再对新种群两两比较海明距离，令 $NT = NR + n$ 定义海明距离：

$$s_{ij} = \| V_i - V_j \| = \sqrt{\sum_{k=1}^{m} (v_{ik} - v_{jk})^2}$$
$$(i = 1, 2, \cdots, NT-1;\ j = i+1, \cdots, NT) \qquad (4.9)$$

式中：m 为基因数。

设定 S 为控制阈值，若 $s_{ij} < S$，比较 $\{V_i, V_j\}$ 个体间适应度大小，对适应度较小的个体处以较大的罚函数，极大地降低其适应度，这样受到惩罚的个体在后面的进化过程中被淘汰的概率极大，从而保持种群的多样性，降低早熟现象。

另外，对通常的种群收敛判别条件加以改进，设第 l 和第 $l+1$ 代运算并经过优劣降序排列后前 NS 个 [一般取 $NS = (5\% \sim 10\%)n$] 个体目标函数值分别为 f_1^l, f_2^l, $\cdots$, f_{NS}^l 和 f_1^{l+1}, f_2^{l+1}, $\cdots$, f_{NS}^{l+1}。

记：$\widetilde{f}_1 = \left| NSf_1^{l+1} - \sum_{j=1}^{NS} f_j^{l+1} \right| / (NSf_1^{l+1})$，$\widetilde{f}_2 = \sum_{j=1}^{NS} \left| (f_j^{l+1} - f_j^l) / f_j^{l+1} \right|$，

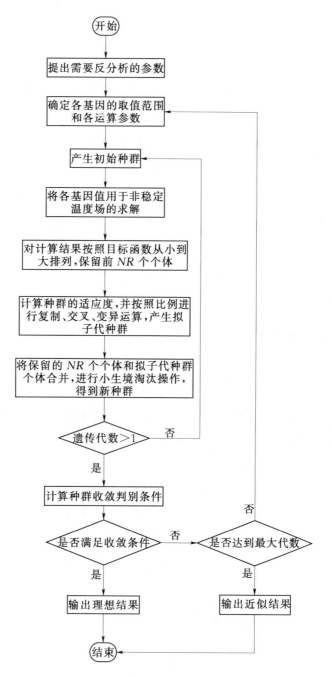

图 4.3 温度场热学参数反分析流程

则用下式作为收敛条件:

$$EPS = n_1 \tilde{f}_1 + n_2 \tilde{f}_2 \qquad (4.10)$$

式中: n_1 为同一代种群早熟收敛指标控制系数; n_2 为不同进化代种群进化收敛控制系数。图 4.3 为温度场热学参数反分析流程。

4.3　混凝土室内立方体非绝热温升试验

4.3.1　试验目的

本试验依托"南水北调中线某渡槽工程高性能泵送混凝土裂缝机理和施工防裂方法研究"这一科研项目,试验的主要目的为: ①确定非绝热温升条件下混凝土水化放热特性; ②研究混凝土不同散热面分别采用钢模板和在其表面外贴泡沫保温板时表面散热特性。

4.3.2　试验模型

试验在非封闭室内环境中进行,气温和湿度随大气变化,无风。为了满足实际工程的需要和消除由于浇筑试块本身间存在的差异对结果的影响,反分析在一个试件上进行。采用实际工程建设中最具代表性的混凝土原材料和施工配合比,见表 4.1,试块边长 1.5m。为了在试验中尽可能多地得到材料特性计算参数,立方体试块 6 个面的覆盖条件是不同的,具体为: 底面采用施工钢模板; 顶面覆盖 1.0cm 厚的泡沫保温板; 1 号侧面为施工钢模外贴 1.5cm 的泡沫保温板; 2 号侧面为施工钢模板外贴 2.5cm 的泡沫保温板; 3 号侧面为施工钢模板外贴 3.5cm 的泡沫保温板; 4 号侧面为施工钢模板外贴 4.0cm 的泡沫保温板 (图 4.4)。

表 4.1　　　　混 凝 土 配 合 比

混凝土等级	水胶比/ (kg/m³)	胶材用量/ (kg/m³)	粉煤灰掺量/%	砂率/%	高效减水剂 SP₁ 掺量/%	引气剂 SK-H 掺量/%	水泥/ (kg/m³)	粉煤灰/ (kg/m³)	水/ (kg/m³)	砂/ (kg/m³)	小石/ (kg/m³)	中石/ (kg/m³)
C50	0.3	494	20	42	1.1	0.010	387	97	145	717	301	701

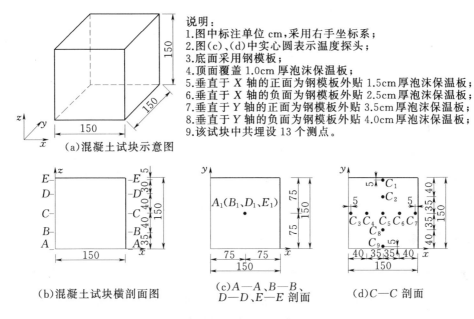

说明:
1.图中标注单位 cm,采用右手坐标系;
2.图(c)、(d)中实心圆表示温度探头;
3.底面采用钢模板;
4.顶面覆盖 1.0cm 厚泡沫保温板;
5.垂直于 X 轴的正面为钢模板外贴 1.5cm 厚泡沫保温板;
6.垂直于 X 轴的负面为钢模板外贴 2.5cm 厚泡沫保温板;
7.垂直于 Y 轴的正面为钢模板外贴 3.5cm 厚泡沫保温板;
8.垂直于 Y 轴的负面为钢模板外贴 4.0cm 厚泡沫保温板;
9.该试块中共埋设 13 个测点。

(a)混凝土试块示意图

(b)混凝土试块横剖面图

(c)$A-A$、$B-B$、$D-D$、$E-E$ 剖面

(d)$C-C$ 剖面

图 4.4　混凝土试块和测点布置

通过这个试验我们可以得到 6 个混凝土表面的热交换系数,还有描述混凝土绝热温升特性的 3 个材料热学特性参数,共有 9 个参数。

4.3.3　试验步骤

(1) 试块内埋设的仪器为数字型温度探头,浇筑前温度探头必须用细钢丝和钢筋固定好,否则浇筑时温度计位置会被移动,且浇筑前在每一个探头的测量端须注明编号。

(2) 试块底部架空,且尽可能多架空一些,使得试件底面的散热条件与计算假定情况相符合,建议底面距离地面 0.5m 以上。

(3) 浇筑时要特别注意各处混凝土配合比的均匀性,混凝土在搅拌机里可以适当延长搅拌时间,以获得均匀性更好的混凝土试块。建议配料时,要对所有批次(分批次拌及掌握这个试件的材料均匀性)中的所有原材料的用量进行严格的称重。

(4) 由于是冬季,试验保温棚采用保温被搭建,棚内温度应控制在 5℃ 以上,防止混凝土冻坏。

（5）每隔一定的时间用温度巡检仪对各测点测量温度一次，同时监测记录周围环境温度的变化。具体记录时间为：浇筑后的前 3d 每 2h 观测一次，第 4～6d 每 4h 观测一次，第 7～15d 每 8h 观测一次，此后一天观测一次。有气温骤降时恢复 2h 观测一次。（开始时段、最高温时段和 7～10d 时的低温区"拐弯区"的加密观测，以提高观测精度）。

（6）根据实验得出的温度测量结果，采用前面介绍的加速遗传算法对混凝土温度计算所需参数进行反演分析，得出各参数值及利用反演参数计算得出的测点温度值，并进行对比分析。

4.3.4　参数反演

根据浇筑现场 13 个典型点的实测温度，对混凝土绝热温升公式 $\theta = \theta_0(1 - e^{-at^b})$ 中的最终绝热温升 θ_0，反映温度变化规律的 a 和 b，以及混凝土带不同模板时的表面热交换系数 β 进行了反演分析。计算时取交叉概率为 70%，变异概率为 10%，为了保持群体的多样性，根据工程经验和反演计算分析，系数 a 取为 0.1，目标优化函数取为：

$$\sum_{i=1}^{m} \sum_{j=1}^{n} (T_{ij} - T_{ij}^0)^2$$

式中：i 为测点序号；j 为观测时刻；T_{ij}^0 和 T_{ij} 分别为实测和计算温度值；m 和 n 分别为测点数和测次数。A_1 点在试验中损坏，故不参加反演，经过 33 次的迭代求解结束。反演分析计算网格见图 4.5。

4.3.5　试验结果

混凝土热学参数反演结果见表 4.2。由反演所得的混凝土绝热温升和不同保温方式时的混凝土表面热交换系数进行数值计算，可得到各点的温度值。图 4.6 为测点实测温度值与反演参数计算温度值对比，

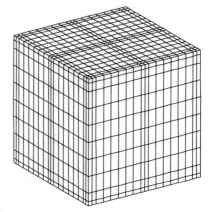

图 4.5　反演分析计算网格

从图上可以看出：

表 4.2   **混凝土热学参数反演结果**

绝热温升/℃	混凝土表面热交换系数/ $[kJ/(m^2 \cdot h \cdot ℃)]$					
	1.0cm 厚泡沫保温板	钢模板外贴泡沫保温板				
		0.0cm	1.5cm	2.5cm	3.5cm	4.0cm
$50.06(1-e^{-0.251r1.979})$	5.35	30.33	18.19	16.02	13.23	11.57

（1）纵观所有测点温度历时曲线，可以发现前期尤其是刚浇筑完前 0.5d，混凝土温升明显较慢，0.5d 后温升速度加快，大约到 3d 左右，混凝土各测点温度均基本达到峰值，此后混凝土温度在环境温度作用下下降速率较快，这种阶段性水化放热规律与反演得出的混凝土绝热温升模型是相匹配的，证明了笔者提出的绝热温升模型的合理性。

（2）各测点温度测量结果与所埋设的位置相吻合，测点 C_5 位于试块中心，因此温升值也就最高，为 46.26℃；C_1 和 C_9 沿 y 方向呈对称分布，但 C_1 靠近厚度为 3.5cm 的保温板，而 C_9 与 4.0cm 厚的保温板距离更接近，故 C_9 的温升值高于 C_1 的温升值，C_1 受环境温度的影响大于 C_9；C_3 和 C_7 沿 x 方向呈对称分布，但 C_7 靠近厚度为 1.5cm 的保温板，而 C_3 与 2.5cm 厚的保温板距离更接近，同理，C_3 的温升值高于 C_7 的温升值，C_7 受环境温度的影响大于 C_3；B_1 测点最高温度应该低于 D_1，因为 B_1 点距离钢模板较近，而 D_1 点距离泡沫保温板较近；A_1 测点试验过程中损坏，故没有参与反演。

以上数据表明，特征点温度变化规律合理，不同位置特征点的温变曲线能较好地体现相互之间差别，立方体不同散热面分别采用钢模、模板外贴塑料保温板及直接覆盖塑料保温板时所导致的测点温度的影响也在温变曲线图中得到较好体现。

（3）综合对比 13 个测点的温度计算值历时曲线，各测点无论是拆模前还是拆模后，计算值和测量值的温升曲线吻合很好，温差均在 1.5℃ 以内，这一方面说明本次试验测点布置较为合理，试验成功；另一方面也表明本次试验采用的反演算法具有较高的计算精度及较好的实用价值。

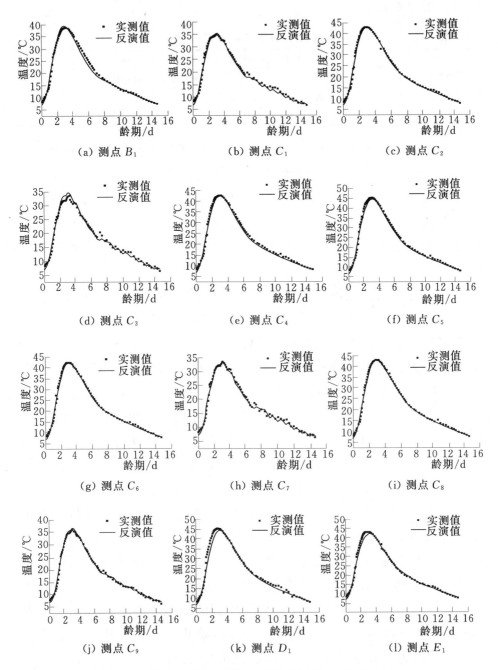

图 4.6 测点实测温度值与反演参数计算温度值对比

4.3.6　结论

（1）利用反演参数得出的计算值与实测值吻合结果很好，说明根据混凝土实测值反演得出的热学参数具有较好的可信度，反演计算方法可靠。

（2）混凝土早期温升较快，3d 左右就能达到温度峰值。混凝土浇筑时要注意前期的振捣和表面养护工作，振捣不充分或者表面养护不力均有可能导致混凝土水化放热不充分，还可能影响到混凝土早期强度的发展。

（3）泡沫塑料板的保温效果是显著的，其保温性能随着厚度的增加也逐步提高，实际工程中应通过温度场的仿真分析确定采用哪种厚度的泡沫板。

4.4　带冷却水管的混凝土室内长方体非绝热试验

4.4.1　试验目的

本试验依托"南水北调中线某渡槽工程高性能泵送混凝土裂缝机理和施工防裂方法研究"这一科研项目，试验的主要目的为：①研究混凝土不同散热面分别采用钢模板、竹胶模板和木模板时的表面散热特性；②研究混凝土散热面分别覆盖不同程度保温材料时表面散热特性；③研究不同管径和壁厚塑料管的冷却效果和散热特性。

4.4.2　试验模型

试验在非封闭室内环境中进行，气温和湿度随大气变化，无风。采用实际工程建设中最具有代表性的混凝土原材料和施工配合比，见表 4.1，试块长×宽×高＝4.0m×2.0m×1.5m。为了在试验中得到尽可能多的计算参数，试块 6 个面的覆盖条件是不同的，具体为：底面采用钢模板；两侧面（x 向）分别用厚 1.0cm 和 2.0cm 的竹胶模板；前后面（y 向）分别用 1.5cm 厚的木质模板和厚 4.0cm 的木质模板；顶面共长

4m，每米用不同保温程度的材料进行覆盖：第一个 1m 段用一层"两布一膜"形式的土工膜覆盖，第二个 1m 段用一层工业毛毡覆盖，第三个 1m 段用"一层农用塑料膜＋一层草袋＋一层土工膜"覆盖（一层草袋厚 2～3cm）；第四个 1m 段用"一层农用塑料膜＋2 层草袋＋一层土工膜"覆盖。试块布置 21 个数字式温度探头，用导线从温度探头接到混凝土外部的测温仪上。混凝土试块和测点布置见图 4.7。

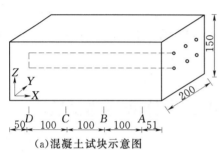

说明：
1. 图中标注单位为 cm，采用右手坐标系；
2. 图中实心圆为温度探头，空心圆为水管；
3. 沿 Y 轴从近到远布 3 根塑料管，壁厚 1.5mm、外径 28.0mm，壁厚 2.0mm、外径 42.0mm，壁厚 3.0mm、外径 45.0mm。
4. 底面采用钢模板；
5. 顶面分四段覆盖四种材料，A 段土工膜，B 段工业毛毡，C 段塑料膜＋一层草袋＋土工膜，D 段塑料膜＋二层草袋＋土工膜；
6. 垂直于 X 轴的正面为 2.0cm 厚胶模板；
7. 垂直于 X 轴的负面为 1.0cm 厚竹胶模板；
8. 垂直于 Y 轴的正面为 4.0cm 厚木模板；
9. 垂直于 Y 轴的负面为 1.5cm 厚木模板；
10. 试块中布 21 个测点，水管出口处须绑定三个测点测量水温；
11. 试块上应标上原点，三个坐标轴方向。

（a）混凝土试块示意图

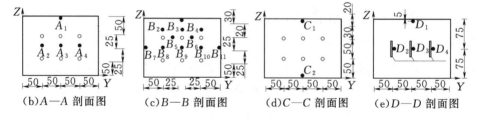

（b）A—A 剖面图　　（c）B—B 剖面图　　（d）C—C 剖面图　　（e）D—D 剖面图

图 4.7　混凝土试块和测点布置

通过这个试验可以得到 9 个混凝土表面的热交换系数，还有描述混凝土绝热温升特性的 3 个材料热学特性参数，3 根冷却水管的表面热交换系数，共有 15 个参数。

4.4.3　试验步骤

（1）试块内埋设的仪器为数字型温度探头，浇筑前温度探头必须用细钢丝和钢筋固定好，否则浇筑时温度计位置会被移动，且浇筑前在每一个探头的测量端须注明编号。

（2）试块底部架空，且尽可能多架空一些，使得试件底面的散热条件与计算假定情况相符合，建议底面距离地面 0.5m 以上。浇筑时要特别注意原材料用量的准确性和各处混凝土配合比的均匀性。

（3）试件浇筑时开始通水，水管连续通水 4d，流量：外径 2.8cm 的水管为 $0.76 \times 10^{-3} \text{m}^3/\text{s}$；外径 4.2cm 和 4.5cm 的水管为 $1 \times 10^{-3} \text{m}^3/\text{s}$。

（4）浇筑后的前 3d 每 2h 观测一次，第 4～6d 每 4h 观测一次，第 7～15d 每 8h 观测一次，此后一天观测一次。有气温骤降时恢复 2h 观测一次。（开始时段、最高温时段和 7～10d 左右时的低温区"拐弯区"的加密观测，以提高观测精度）。

（5）根据温度测量数据，利用优化方法反演得出塑料管的表面热交换系数及混凝土相关特性参数，并对温度测量值和反演计算值进行对比分析。反演过程中塑料管边界视为第三类边界。

4.4.4 参数反演

根据浇筑现场 21 个典型点的实测温度，对混凝土绝热温升公式 $\theta = \theta_0(1 - e^{-a\tau^b})$ 中的最终绝热温升 θ_0，反映温度变化规律的 a 和 b，采用不同种类和不同厚度保温材料时的混凝土表面热交换系数 β 以及不同管径和壁厚的水管表面热交换系数 β 进行了反演分析。计算时取交叉概率为 70%，变异概率为 10%，研究发现，α 在 0.01～0.3 间取值有利于保持群体的多样性，根据工程经验和反演计算分析，系数 α 取为 0.1，目标优化函数取为 $\sum_{i=1}^{m}\sum_{j=1}^{n}(T_{ij} - T_{ij}^0)^2$，其中 i 为测点序号，j 为观测时刻；T_{ij}^0 和 T_{ij} 分别为实测和计算温度值，m 和 n 分别为测点数和测次数。反演分析计算网格见图 4.8。

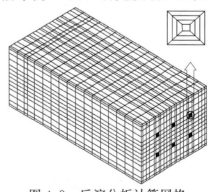

图 4.8 反演分析计算网格

4.4.5　试验结果

经过 121 次的迭代求解，采用不同模板时混凝土热学参数反演结果见表 4.3，采用不同保温材料和水管时混凝土热学参数反演结果见表 4.4。由反演所得的混凝土绝热温升和不同保温方式时的表面热交换系数进行数值计算，可得到各点的计算温度值。限于篇幅，图 4.9 为部分测点实测温度值与反演计算温度值对比，从图上可以看出：

（1）反演计算值与测量值的对比曲线显示两者吻合较好，除了试件底部钢模板表面测点的实测值和反演计算值有一定差距外，计算值与测量值误差均在 2℃ 以内，显示出非常理想的反演效果。

（2）对比该试验和上节混凝土立方体非绝热温升试验，可以看出，长方体混凝土温度普遍较立方体混凝土温度降低，原因是长方体内部布置有 3 根冷却水管，导热降温效果显著；在浇筑完约 3d 左右，混凝土各测点温度基本达到峰值，此后混凝土温度在环境温度作用下下降，这种水化放热规律与反演得出的混凝土绝热温升模型是相匹配的，证明了笔者提出的绝热温升模型的合理性。

（3）各测点温度测量结果与所埋设的位置相吻合，B_1 测点最高温度高于 B_7，因为 B_1 点外覆盖工业毛毡，B_7 点处为木模板，而工业毛毡的保温效果好于木模板；由于 C_1 点距离 "一层农用塑料膜＋一层草袋＋一层土工膜" 较近，其保温效果远好于在 C_2 点附近的没有保温效果的钢模板，故 C_1 点最高温度明显高于 C_2 点；D_1 和 C_1 虽处在同一部位，但是 D_1 测点温度略高于 C_1，原因是 D_1 上部覆盖的是 "一层农用塑料膜＋二层草袋＋一层土工膜"，而 C_1 上部覆盖的是 "一层农用塑料膜＋一层草袋＋一层土工膜"；D_1 上部覆盖的是本次试验当中保温效果最好的 "一层农用塑料膜＋二层草袋＋一层土工膜"，故其是长方体中温度最高的测点。

以上数据表明，特征点温度变化规律合理，不同位置特征点的温变曲线能较好地体现相互之间差别，长方体不同散热面分别采用不同类型保温板和同种保温板不同厚时所导致的测点温度的影响也在温变曲线图中得到较好体现。

（4）外径 2.8cm 的水管流量为 $0.76 \times 10^{-3} \text{m}^3/\text{s}$；外径 4.2cm 和 4.5cm 的水管流量为 $1 \times 10^{-3} \text{m}^3/\text{s}$，后者为前者的 1.31 倍。反演结果显示，三种水管的表面热交换系数分别为 375.21 kJ/(m²·h·℃)、208.33 kJ/(m²·h·℃) 和 166.67 kJ/(m²·h·℃)，细管的热交换系数反而要好于粗管，这主要是因为粗管管壁明显比细管厚的结果。因此，塑料管的表面热交换系数和水管的管壁厚度有很大的关系，和通水流量的关系不大。

（5）与前面立方块实验的反演结果相比，混凝土钢模板热交换系数变化不大，所以反演结果是可靠的。

表 4.3　　采用不同模板时混凝土热学参数反演结果

绝热温升/℃	混凝土表面热交换系数/ [kJ/(m²·h·℃)]						
	竹胶模板		木模板		钢模板	土工膜	工业毛毡
	1.0cm	2.0cm	1.5cm	4.0cm			
50.06 $(1-e^{-0.251r^{1.979}})$	13.08	9.08	20.87	12.85	33.33	14.58	12.50

表 4.4　　采用不同保温材料和水管时混凝土热学参数反演结果

混凝土表面热交换系数/[kJ/(m²·h·℃)]		塑料管表面热交换系数/[kJ/(m²·h·℃)]		
一层农用塑料膜＋一层草袋＋一层土工膜	一层农用塑料膜＋二层草袋＋一层土工膜	外径 2.8cm 壁厚 1.5mm	外径 4.2cm 壁厚 2.0mm	外径 4.5cm 壁厚 3.0mm
1.67	1.25	375.21	208.33	166.67

4.4.6　结论

（1）塑料管作为冷却水管时，水管边界应视为第三类边界，反演计算值与实测值吻合较好。

（2）塑料管的表面热交换系数和水管的厚度有密切的关系，随着管壁厚度的增加，其等效热交换系数逐渐减小。

（3）加大塑料管管径并不一定带来更好的冷却效果，因为管径较大时，其管壁也会相应增厚，这会在一定程度上削弱管径加大带

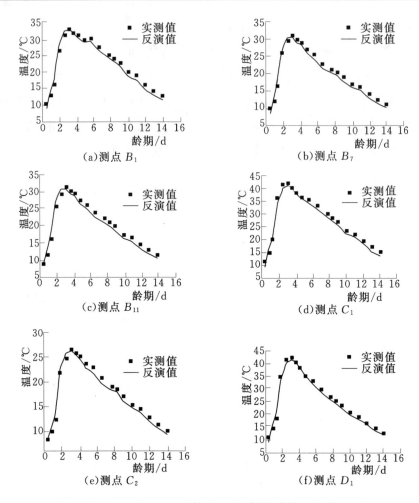

图 4.9 测点实测温度值与反演参数计算温度值对比

来的降温效果。

4.5 风速影响下长方体混凝土的非绝热温升试验

4.5.1 试验目的

依托"某大型大闸枢纽工程混凝土热学参数试验和施工反馈分析研究"这一科研项目，试验的主要目的为：

（1）确定不同风速作用时混凝土表面及采用竹胶模板时混凝土

表面的热交换系数的变化规律。

（2）验证风速对竖直面和水平面的热交换系数影响规律不同，同时证明自身温度和环境温度对表面热交换系数也有重要影响。

4.5.2 试验模型

人工风道环境，气温和湿度随大气变化，风速随时间改变。采用二级配闸墩混凝土，温控试验配合比见表 4.5。混凝土浇筑时间为 2005 年 8 月 22 日。试块为 2m×1.2m×0.6m（长×宽×高）的混凝土长方体，上表面裸露，B_5 所在竖直面是钢模板（无保温特性），其他面均为 1.5cm 厚的竹胶模板固定，底部架空，离地面 50cm。试块内部布置数字式温度探头，用导线从温度探头接到混凝土外部的测温仪上，测点布置见图 4.10，共 12 个测点。

表 4.5				混凝土温控试验配合比				单位：kg/m³	
混凝土等级	P·O42.5 水泥	磨细矿渣	二水石膏	砂	5～20mm 小石	20～40mm 中石	40～80mm 大石	南科院 外加剂	水
C30 三级配	104.1	181.5	11.9	529.0	451.0	451.0	602.0	2.0	119.0
C30 二级配	138.3	241.0	15.8	588.0	654.0	654.0	—	3.0	158.0

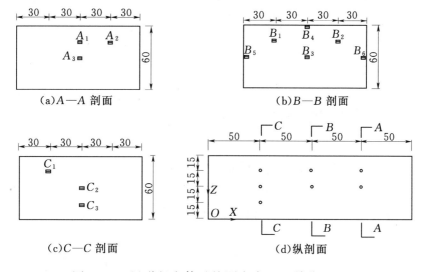

（a）A—A 剖面 （b）B—B 剖面 （c）C—C 剖面 （d）纵剖面

图 4.10 风道长方体试块测点布置（单位：cm）

试验风道分为三部分，一部分横截面尺寸为 1m×1m，风扇置于该段的端口，风从这里向风道内吹；一部分横截面尺寸为 2m×2m，试块置于该段中后部；两部分之间由一段 3m 长的渐变段联结，风道模型示意图见图 4.11。为了使风的流态较好，用三合板做了两个流线型分流墩，试块迎风面放置一个椭圆渐变的分流墩，试块背风面放置一个半圆形的分流墩。

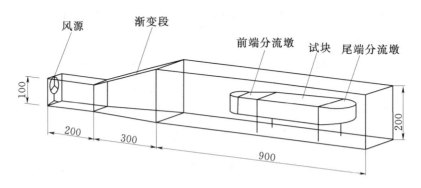

图 4.11　风道模型示意图

4.5.3　试验步骤

（1）架立好 2m×1.2m×0.6m（长×宽×高）的竹胶模板，按图 4.10 布置温度探头，在风道两边壁也分别布置温度探头，并用细铁丝固定。

（2）按施工配合比浇筑混凝土，浇筑时要特别注意各处混凝土的均匀性，建议配料时，要对所有批次中的所有原材料的用量进行严格的称重。同时测定混凝土入仓温度。

（3）从试件浇筑完毕到第 4d 无风，这几天由于风道顶部尚未加盖，为了防雨，试块上表面覆盖了塑料膜。第 4d19：20 开始吹风，风速为 0.67m/s，从第 10d7：00 风速改为 1.08m/s，第 17d10：00风速改为 1.17m/s，第 19d 和第 20d 鼓风机损坏，第 21d 到第 28d 风速为 1.52m/s，第 29d 停风。

（4）每隔一段时间对所有测点测一次温度，第 1d 到第 3d 每 2h测一次，第 4d 到第 6d 每 4h 测一次，第 7d 到第 10d 每 6h 测一次，第 11d 到第 15d，每 12h 测一次，第 16d 到第 30d 每 24h 测一次。每次还要测量两个风道气温，拆模时间是第 11d 上午 7：00，拆模时损坏一个风道测温探头。

（5）将实际测得的气温值及测点温度值作为反演输入值，采用前述反演方法进行反演计算，并对反演结果进行分析。

4.5.4 参数反演

本试验绝热温升公式采用双曲线和复合指数组合公式：

$$\theta = \begin{cases} \theta_0(1 - e^{-a\tau^b}) \\ \dfrac{\theta_0\tau}{n + \tau} \end{cases}$$

式中：θ_0 为最终绝热温升；a 和 b 是绝热温升规律参数；n 为常数，它是水化热达到一半时的龄期。根据浇筑现场 11 个典型点的实测温度，对混凝土绝热温升公式和竹胶模板保温时混凝土表面热交换系数 β 进行了反演分析。反演分析计算网格见图 4.12，反演方法同 4.3.4 节。

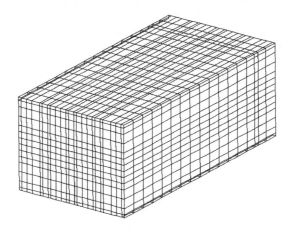

图 4.12 反演分析计算网格

4.5.5 试验结果

（1）$\theta = \dfrac{48.24\tau}{3.08 + \tau}$ 是南京水利科学研究院给出的绝热温升公式。

$$\theta = \begin{cases} 49.1[1-\exp(-0.42\tau^{1.283})] & (\tau \leqslant 1.0) \\ \dfrac{49.1\tau}{3.5+\tau} & (\tau > 1.0) \end{cases}$$ 是反演得出的组

合绝热温升公式,计算结果显示该公式能很好地反映混凝土绝热温升规律。

（2）无保温措施时混凝土试块水平面的热交换系数和风速的关系为：

$$\beta_1 = 24.02 [0.9(T_s + T_a) + 32]^{-0.18} (T_s - T_a)^{0.27} \sqrt{1 + 2.86 v_s}$$

式中：T_s 取 30℃；T_a 取 20℃；竖直面：$\beta_2 = 25.43 + 17.3 v_s$ ；采用竹胶模板时混凝土表面热交换系数和风速的关系：$\beta_3 = 11.23 + 6.43 v_s$ 。

表 4.6 为不同风速对应的混凝土表面热交换系数,图 4.13 为风速对表面热交换系数的影响。

表 4.6   不同风速对应的混凝土表面热交换系数

单位：$kJ/(m^2 \cdot h \cdot ℃)$

风速/(m/s)	0.0	0.5	1.0	2.0	3.0	4.0	5.0
水平面 β	20.18	31.45	39.64	52.30	62.45	71.16	78.92
竖直面 β	25.43	34.08	42.73	60.03	77.33	94.63	111.93
文献 [10] β	18.46	28.68	35.75	49.40	63.09	76.70	90.14
文献 [78] β	21.06	32.36	38.64	53.00	67.57	82.23	96.71
文献 [189] β	25.43	34.08	40.7	56.04	71.32	86.60	101.9

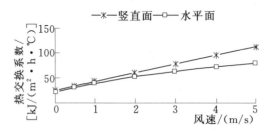

图 4.13 风速对表面热交换系数的影响

（3）据反演参数的温度实测值与反演计算值对比见图4.14。从图上可以看出，在混凝土浇筑龄期15d以内，拟合效果较好，误差在1.0℃以内；15d以后两者略有偏差，但偏差也在2.0℃以内，究其原因，主要是由于15d后时间步长增大所致，再加上混凝土温度与气温变化之间具有滞后特性，因此昼夜温差对混凝土温度变化历程的影响没有得以体现，若缩短温度测量间隔时间和计算时间步长，则拟合效果会更加理想。

（4）纵观所有测点温度历时曲线，可以发现刚浇筑完后开始水化放热，混凝土温升较快，大约在1.5d左右时，混凝土各测点温度均基本达到峰值，试块浇筑完5d后，所有测点的温度就基本一样，内外最大温差不超过1℃，说明此时混凝土水化放热基本完成。这种水化放热规律与反演得出的混凝土绝热温升模型是相匹配的，证明了笔者提出的绝热温升模型的合理性。7d时由于环境温度陡然降低，混凝土各测点温度也有所降低，11d拆模，温度再一次出现下降趋势，此后混凝土温度在风速影响不断下降，并且随着环境温度的变化而变化，但是需要说明的是，由于混凝土为热的不良导体，其温度变化都要滞后于环境气温的变化。

（5）不同测点由于位置不同所体现出来的温度变化规律差异也较明显，测点离上表面越远，最大温升值也越高，到达最高温度的时间也越迟；反之，测点离表面越近，最大升值也越低，到达最大值的时间也越早。从历史曲线上也可以看出，B_4和B_5点的温度最低，分析原因，主要是B_4点位于没有保温材料的上表面，而B_5点所在的表面钢模板也没有保温效果；在所有的温度测点当中，B_3由于位于混凝土试块的中心，故其温度峰值最高，反映了计算规律的合理性；其温度实测值与反演计算值对比见图4.14。

横向比较而言，B_5的温度略低于B_4，验证了2.2.5中所述的在相同保温条件下，竖直面的热交换系数要大于水平面的热交换系数的观点，同时也验证了钢模板无保温效果的论点；B_6的温度高于B_5的温度同时证明了竹胶模板的保温性能良好。

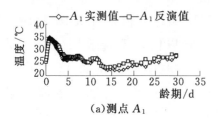

(a)测点 A_1

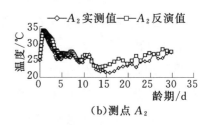

(b)测点 A_2

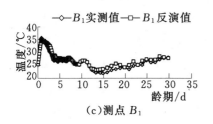

(c)测点 B_1

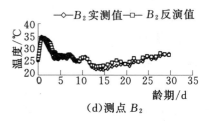

(d)测点 B_2

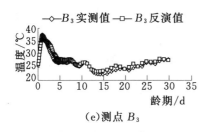

(e)测点 B_3

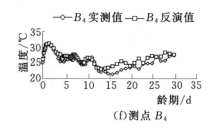

(f)测点 B_4

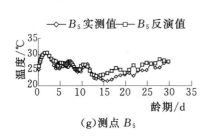

(g)测点 B_5

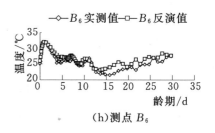

(h)测点 B_6

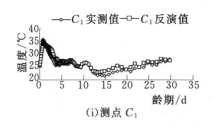

(i)测点 C_1

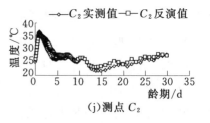

(j)测点 C_2

图 4.14　温度实测值与反演计算值对比图

4.5.6 结论

（1）表面热交换系数与混凝土本身的材料性质无关，而是与周围风速密切有关，风速越大，表面热交换系数也就越大。

（2）表面热交换系数与环境温度和自身温度有重要关系，环境温度越低、自身温度越高，热交换系数也就越大。特别的，风速对表面热交换系数的影响也和表面的方位也有重要关系，随着风速的增大，竖直面的热交换系数增幅要大于水平面的热交换系数。

（3）由于大风速的模拟受到制约，较大风速对表面热交换系数的影响还有待进一步研究。

（4）就模板类型来看，竹胶模板保温效果良好，钢模板几乎没有保温效果。

4.6 塑料管和铁管冷却效果试验

4.6.1 试验目的

依托"某大型大闸枢纽工程混凝土热学参数试验和施工反馈分析研究"科研项目，试验的主要目的为：①验证内部埋设冷却水管对混凝土的降温效果；②确定塑料管和铁管的表面热交换特性；③研究塑料管与铁管的冷却效果。

4.6.2 试验模型

非封闭室内环境，气温和湿度随大气变化，无风。试验时间为2005年10月8日至2005年11月11日。采用二级配闸墩混凝土作为原材料，具体见表4.5。

试块为3m×1m×0.8m（长×宽×高）的混凝土长方体，上表面裸露，其他五个面均为1.5cm厚的竹胶模板固定，底部架空，距地面50cm。有两组试件，一组试件中含有两根铁质水管，粗管外径50mm、内径42mm，细管外径32mm、内径28mm。两根水管在试

块中沿 y 方向平行布置，试块内部布置 10 个数字式温度探头，用导线从温度探头接到混凝土外部的测温仪上。通冷却水管长方体混凝土试块测点布置见图 4.15。

　　另一组试件是将两根铁管换成两根同样尺寸的塑料管，粗管外径 50mm、内径 42mm、壁厚 4mm，细管外径 32mm、内径 28mm、壁厚 2mm，其他同第一组试件（图 4.15）。试验时两组试件同时进行。

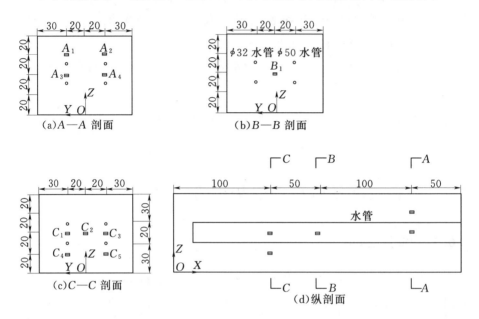

图 4.15　通冷却水管长方体混凝土试块测点布置（单位：cm）

4.6.3　试验步骤

　　(1) 固定好 3m×1m×0.8m（长×宽×高）的竹胶模板，试块上表面裸露。在内部按图 4.15 布置温度探头和水管，水管用铁丝固定，探头用钢筋固定，在两种水管的进出口也分别布置温度探头，用细铁丝固定。

　　(2) 按施工配合比浇筑混凝土，同时测定混凝土入仓温度。

　　(3) 试件浇筑完开始通水，粗管流量为 0.18L/s，细管流量为 0.09L/s，粗管使用水箱内的循环水，由水泵加压流动，细管使用自来水。

（4）第7d 7：00粗管和细管都停止通水，水管冷却结束。

（5）隔一段时间对所有测点测一次温度，第1d到第3d每2h测一次，第4d到第6d每4h测一次，第7d到第10d每6h测一次，第11d到第15d每12h测一次，第16d到第35d每24h测一次。测温时同时测一次气温，气温仍为6个水银温度计读数的均值。拆模时间是第11d上午7：00。

（6）整理分析测量值数据，去除不合理的测点数据，利用优化方法反演得出两根塑料管的表面热交换系数及混凝土相关特性参数。

（7）利用反演参数进行含铁管和塑料管混凝土温度场计算，对比分析两者的降温效果，确定各自处理方式的合理性。

4.6.4　参数反演

参数反演方法见4.5.4节参数反演。

4.6.5　试验结果

（1）混凝土绝热温升模型：

$$\theta = \begin{cases} 48.863[1 - \exp(-0.113\tau^{1.301})] & (\tau \leqslant 2.25) \\ \dfrac{48.863\tau}{1.232 + \tau} & (\tau > 2.25) \end{cases}$$

和4.5节相比，同样的混凝土配合比绝热温升模型却略有差异，本次实验得出的混凝土早期温升相对更为缓慢些，其原因可能是此试块于10月浇筑，混凝土初始温度较前一个试验要低，因此其水化放热的速率也相对较慢，同时也验证了2.2.1.2中温度对绝热温升的影响的正确性。

（2）热学参数：①竹胶模板表面热交换系数为11.312kJ/(m^2·h·℃）；②混凝土裸露表面热交换系数为24.934kJ/(m^2·h·℃）；③粗塑料管表面热交换系数为18.38kJ/(m^2·h·℃）；④粗塑料管导热系数为1.52kJ/(m·h·℃）；⑤细塑料管表面热交换系数为34.55kJ/(m^2·h·℃）；⑥细塑料管导热系数为1.65kJ/(m·h·℃）。

粗塑料管的导热系数和表面热交换系数都小于细塑料管，可见其导热降温效果没有细塑料管好，进一步验证了 4.4 节的结论。

（3）由于本试验混凝土内部埋设有冷却水管，对比图 4.14 和图 4.16 可知混凝土各测点的温度明显低于 4.5 节无水管时的混凝土温度。因此，内部埋设冷却水管可以对施工期的混凝土起到很好的降温效果。

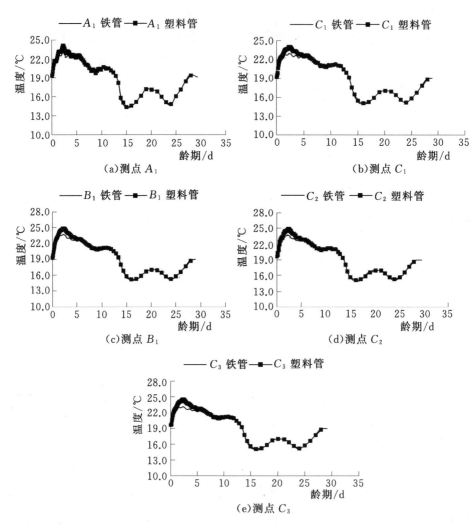

图 4.16　铁管和塑料质水管冷却时混凝土温度对比

（4）从图 4.16 上可以看出，所有测点温升规律均较为一致，混凝土浇筑完后开始水化放热，测点温度上升，在浇筑完 2.5d 左右时混凝土温度达到峰值，此后开始下降。7d 时由于水管停止通水，混凝土各测点温降速率减小，11d 拆模，温度出现明显下降趋势，之后，混凝土温度随环境变化。但是需要说明的是，由于混凝土为热的不良导体，其温度变化都要滞后于环境气温的变化。

（5）从图 4.16 上可以看出，埋设塑料管和铁管的混凝土温度出现较大差异，对比前 5d 可以发现（两者差异主要体现在前 5d 水化放热期间），温度峰值变化最小的为 A_1，埋设铁管时的温度峰值比埋设塑料管时下降 0.83℃，而温度峰值变化最大的 C_5 点，其温度峰值下降 1.44℃。考虑到本次试验中试块尺寸相对较小，且水管布置较密（层距和间距均为 0.2m），因此埋设铁管和塑料管造成的温度峰值差异仍是很可观的。此现象说明铁管视为第一类边界条件，塑料管视为第三类边界条件是合理的，与实际相符。

（6）单从塑料管试验可以看出，A_1、A_3、C_1 和 C_4 测点的温度低于处于对称位置的 A_2、A_4、C_3 和 C_5 的温度，原因是前者在细塑料管附近，后者在粗塑料管附近，细塑料管具有较薄的管壁，降温效果好于管壁较厚的粗塑料管。

4.6.6　结论

（1）施工时混凝土结构中埋有冷却水管可以起到很好的导热降温作用，不但可以减小早期的内外温差，而且还可以降低后期的基础温差，可以说是一举两得，温控防裂效果显而易见。

（2）加大塑料管管径并不一定带来更好的冷却效果，因为管径较大时，其管壁也会相应增厚，这会在一定程度上削弱管径加大带来的降温效果。

（3）试验结果表明，进行埋设有冷却水管的混凝土温度场计算时，铁管边界和塑料管边界条件分别视为第一类和第三类边界条件是合理的，可以满足精度要求。

（4）混凝土浇筑温度对其水化放热速度有一定影响。初始温度越高，水化反应越快，达到温度峰值的时间也就越早；初始温度越低，水化反应越慢，达到温度峰值的时间也就越晚。

4.7　本章小结

（1）施工现场混凝土试块温升试验简单易行，经济可靠，可操作性强，所得计算参数真实反映混凝土热学特性，满足计算精度和工程建设需要，可用于后续反馈分析，指导现场施工。

（2）遗传算法在混凝土热学参数反问题求解中具有精度高、反演快的优越性，克服了传统的梯度优化方法搜索速度随反演参数增多呈级数减慢、容易陷入局部极值点和误差传递导致不收敛等缺点，值得在工程中推广应用。

（3）混凝土中埋设冷却水管可以起到很好的导热降温效果，不但可以减小早期的内外温差，而且还可以降低后期的基础温差，可以说是一举两得。就不同管质水管冷却效果而言，铁管的降温效果好于塑料管；对于同质水管，增大管径并不能增大降温效果，反而使得降温效果降低。

（4）试验研究表明，在仿真计算当中，塑料管和铁管边界分别采用第三类边界和第一类边界条件来处理是合理的，不但可以满足精度要求，也完全可以满足工程建设要求。

（5）试验研究同时表明，随着保温材料厚度的增大，其保温效果明显增大，但并不是线性增大。对于同样厚度的保温材料来说，竹胶模板的保温效果好于木模板，而钢模板没有保温效果。

（6）风速对固体表面的热交换系数有重要影响，风速越大，热交换系数也就越大，另外，环境温度和固体表面温度对热交换系数也有重要影响。特别的，固体表面的方位不同，风速对其表面热交换系数影响不同，竖直面在风速影响下的热交换系数增长速率要快于水平面。

第5章

混凝土薄壁结构的裂缝
成因与防裂方法

5.1 概述

随着国家对基础设施投入的加大，全国范围内必将再次兴起土木建设的浪潮，包括目前正在和将要建设的大批水利工程，大量混凝土薄壁结构也将会陆续出现。工程经验表明，在这些工程的建设当中很容易产生早期裂缝，这些裂缝的出现不但影响外形美观，且严重影响工程的耐久性、工作性和安全性。裂缝问题已经成为材料研究、结构设计、施工方法与工艺和仿真计算分析研究的热点。

在混凝土薄壁结构的建设当中，大多采用高性能混凝土，它的优点和较大经济效益广受人们青睐。但是高性能混凝土具有水泥用量多、水灰比小、水化热量大、混凝土温升高且早期集中释放等热学特性；也具有弹性模量大和自生体积变形大等力学特性，这些特性使其开裂现象更加普遍，也更加防不胜防。高性能混凝土薄壁结构的防裂就成为学术界和工程界特别关注的问题。

综上所述，应目前国内众多工程建设的急需，有必要对混凝土薄壁结构，特别是以大型输水渡槽、泵站和地涵工程为代表的高性能泵送混凝土的裂缝成因和施工防裂方法进行深入研究，为工程建设提供科学的防裂方法。为此，笔者借助高精度仿真计算理论和方法及计算参数准确确定理论和方法对这类结构进行大量的计算，弄清裂缝形成机理、启裂时间、启裂部位和发展过程，并分析各类防裂方法的防裂效果，进而能够提出更加科学、有效、易行和经济的防裂方法，指导工程施工，从而真正解决裂缝问题。

5.2　裂缝形成机理

混凝土裂缝的产生和发展不仅与自身浇筑温度、强度、浇筑质量、结构型式、尺寸和环境温度等有关，也与施工过程中所处的位置、拆模时间等密切相关。根据裂缝出现的时间来分，主要可分为早期裂缝和后期裂缝两类。

早期裂缝多数发生在浇筑初期 3～4d 以内。一般来讲，裂缝的表现形式是"由表及里"型，迹线长而高，启裂点往往位于混凝土的表面，当表面裂缝出现后，很可能向纵深发展，最终形成贯穿性裂缝或深层裂缝；后期裂缝的出现主要是由于内部较大温降和外在较强约束，其表现形式往往为"由里及表"型，迹线短和位置低，启裂点通常位于混凝土内部，由内向外裂，最终形成贯穿性裂缝。

因此，加强温度控制和减小约束就成为防裂的重点。

5.2.1　温度变形

5.2.1.1　内外温差

混凝土为热性材料，在刚浇筑后不久，由于水泥水化热的影响，温度不断上升，同时混凝土又是惰性材料，表面温度的上升速度小于内部温度上升速度，形成内外温差；在降温阶段，表面热量的散发大于内部热量的散发，内外温差进一步扩大；另外，环境温度的剧烈变化对内外温差有较大的影响，比如昼夜温差和寒潮的袭击都会加大混凝土结构的内外温差。

早期过大的内外温差导致结构内外收缩不一致，产生相对变形，引起混凝土的自约束，表面产生拉应力，内部产生压应力，内外温差越大，早期表面拉应力就越大。尽管这时的混凝土弹性模量小，但此时混凝土的抗拉强度也很低，且内外温差应力大多是短期应力，混凝土的徐变来不及发挥，对像墩墙这样的水工混凝土薄壁结构来说，早期温差裂缝很容易产生。内外温差产生的裂缝是从外向里裂，启裂点在表面，是"两头尖、中间宽"的裂缝，且常常是贯穿性裂缝。

5.2.1.2 基础温差

早期混凝土的温升结果对后期产生了直接影响，随着时间的推移和环境温度的影响，混凝土热量必然消散，温度势必降低。混凝土最高温度与准稳定温度之差称为基础温差，早期温升越高，基础温差也就越大，它是混凝土收缩的主要原因，也是产生温度应力的主要组成部分。基础温差产生的裂缝一般是"上不到顶、下不着底"的枣核形裂缝。

由于后期内部的温降幅度大于表面的温降幅度，内部产生较大的收缩变形，因此这时裂缝的发展不同于内外温差时的由外向内发展的形式，而是裂缝从内往外发展，启裂点在内部。

对于混凝土薄壁结构而言，由于水泥用量多，水化反应剧烈，混凝土温升高，因此基础温差占有主导地位，再加上结构形式比较单薄，一旦出现裂缝，都将是贯穿性裂缝。

5.2.2 约束作用

众所周知，混凝土温差引起的变形如果没有约束限制，温度应力不会产生，裂缝也就不会出现，因此，裂缝的产生必然有约束的存在。混凝土的约束分为内部约束和外部约束。

5.2.2.1 内部约束

由于内部水泥水化热不易散发，而表面的容易散发，使表面温度低于内部。相对来讲，内部体积膨胀受表面约束处于受压状态，表面体积收缩受内部约束，产生拉应力，从而导致裂缝产生。

另外，混凝土骨料、钢筋等都会限制混凝土的变形，使裂缝产生。骨料越多、钢筋越多、分布越不均匀，越容易产生裂缝；骨料和钢筋的弹模和水泥石的弹模差别越大，裂缝越容易产生。这种内部约束产生的裂缝一般是在水泥石内部薄弱的环节，且细而短。

5.2.2.2　外部约束

外部约束是混凝土产生裂缝的主要原因。混凝土浇筑在岩石上或先浇筑的老混凝土上，其体积变化受外部岩石或老混凝土约束，初期因水泥急剧水化升温，体积膨胀，处于受压状态，但混凝土弹性模量低，产生压应力很小；后期混凝土强度高，弹性模量大，所以降温过程中体积收缩受到约束后产生的拉应力大，并且远大于早期的预压应力，致使混凝土外部产生拉力。随着时间的推移，当混凝土抗拉强度不足以抵抗这种拉力时，则产生裂缝。这种裂缝往往产生在距长边端部 1/2 处，常常是贯穿性深层裂缝，也是最有害的。

新浇混凝土和岩石或者老混凝土弹模差别越大，约束也就越明显；新老混凝土之间的施工间歇时间越长，约束也越明显。

5.2.3　其他因素

混凝土产生裂缝的原因还很多，如原材料质量差、杂质多、配合比不合理，浇筑时间不合理，内部水管冷却通水方式不合理，通水时间过晚，混凝土养护不到位或不合理，浇筑后的初期松模浇水、养护水温过低等均可使混凝土产生收缩变形，当受到约束时便产生裂缝。

5.3　防裂方法

针对上述混凝土裂缝的形成机理，结合笔者的研究及以往工程经验，建议从混凝土材料优化和施工方法改进两方面进行混凝土温控防裂研究。材料优化方面主要包括合理选择水泥、合理配置骨料、掺矿物掺合料和外加剂等；施工措施改进方面通过改进施工方法，减小收缩变形和约束来达到防裂目的，主要包括浇筑温度控制、表面保温、内部降温、施工分缝、吊空模板、自生体积变形控制和后浇带技术等。

5.3.1　优化配合比

5.3.1.1　合理选择水泥

水泥是混凝土形成的胶结材料，也是混凝土强度的保证，但是水泥水化产生的热量是水利工程中混凝土温度变化而导致体积变化的主要根源，比干湿、化学变化引起的体积变化要大得多，因此合理选择水泥品种、控制水泥质量，对保证混凝土的强度和防止过大温度变形具有重要意义。

据试验资料显示，每增加或减少 10kg 水泥用量，水化热相应升高或降低 1～2℃，水泥用量对混凝土温度的影响不言而喻，因此在保证混凝土强度的前提下，尽可能减少水泥用量。另外，硅酸盐水泥的主要矿物成分及含量对水化反应速度和水化热量的影响也很明显，表 5.1 为硅酸盐水泥的主要矿物成分及含量。

表 5.1 硅酸盐水泥的主要矿物成分和含量[190]

矿物名称	化学式	化学简写式	含量范围/%
硅酸三钙	$3CaO \cdot SiO_2$	C_3S	37～60
硅酸二钙	$2CaO \cdot SiO_2$	C_2S	15～37
铝酸三钙	$3CaO \cdot Al_2O_3$	C_3A	7～15
铁铝酸四钙	$4CaO \cdot Al_2O_3 \cdot Fe_2O_3$	C_4AF	10～18

在水泥的矿物成分当中，C_3A、C_3S 的水化放热速度较快，水化热总量和自收缩也较大。中热硅酸盐水泥和低热矿渣硅酸盐水泥分别通过在水泥中掺入适量的石膏和矿渣，降低水泥中的 C_3S、C_3A 含量，以达到减小混凝土的水化热总量，降低水泥的放热速率的目的。而且，使用高 C_2S 和低 C_3A 或 C_4AF 的硅酸盐水泥能够降低混凝土的体积收缩。因此使用中热或低热硅酸盐水泥，不但混凝土温度降低，而且其收缩也比普通硅酸盐水泥混凝土低很多。

此外，规范还对上述水泥的细度和颗粒形态提出具体要求，限制水泥的水化速度和混凝土收缩变形。

5.3.1.2 合理配置骨料

一般认为，强骨料可以减小混凝土的收缩，从上面的混凝土收缩机理来看，混凝土中的骨料可以抵制水泥石的收缩变形，因此，较高弹性模量的骨料可以减小混凝土的收缩。骨料类型和骨料含量对混凝土的收缩也有较大影响。

优选有利于混凝土抗拉性能（强度及极限拉伸）的级配，如精选砂石骨料，确保中砂、粗砂的粒径，严格控制含泥量及粉料含量。采用骨料的连续级配，提高混凝土的密实性；增加骨料在混凝土中的所占体积，这样既可以节约水泥，又降低了水化热和减少用水量，而且石块本身也具有吸收热量的功能，能使水化热进一步降低，同时混凝土的收缩和泌水也随之减少。另外，由于混凝土的重量主要由骨料体现，所以混凝土的热胀系数更接近骨料的热胀系数，为了减小混凝土的温度收缩变形，应选用热膨胀系数小的骨料。

　　但是对高性能混凝土而言，Han & Walraven 的研究发现，骨料类型并不影响其收缩，这个结论与一般结论有矛盾，主要是高性能混凝土的收缩特性不同于普通混凝土，且在高性能混凝土中用的是质量高、集中度高的骨料，骨料特性变化的范围小，因此骨料类型在高性能混凝土收缩上的影响也就相对较小。

　　除了骨料类型，骨料含量在混凝土收缩中也扮演着非常重要的角色。一般而言，随着骨料与混凝土体积比的增大，混凝土收缩变小。Neville 于 1995 年提出了骨料含量对混凝土收缩影响的方程，见式（5.1）。图 5.1 为骨料含量对混凝土收缩的影响。

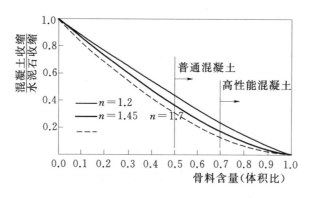

图 5.1　骨料含量对混凝土收缩的影响[175]

$$\varepsilon_{sh(concrete)} = \varepsilon_{sh(paste)} (1-\alpha)^n$$

式中：α 为骨料与混凝土的体积比；n 为依赖混凝土配合比的拟合变量，取值 1.2～1.7。

实际上，骨料的含量都大于 50%，而在高性能混凝土中更是大于 70%，所以由于骨料含量的变化导致的混凝土收缩也就很小。

5.3.1.3 内部养护

所谓"内部养护"是指在混凝土中掺加水饱和轻质集料替代普通集料，这种集料相当于内部储蓄水，在水泥水化过程中，可以释放并供应所需水量使混凝土继续水化硬化，以避免或减少自干燥的发生，进而减小混凝土的收缩。不同集料对混凝土自收缩的影响见图 5.2。

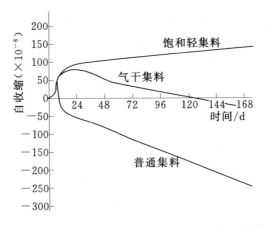

图 5.2　不同集料对混凝土自收缩的影响[191]

轻集料材质疏松，属多孔结构，将其浸水饱和后作为骨料掺入到混凝土中，在不影响混凝土拌和物流动性的基础上，将其内部粗大孔隙中的水分供给水泥石体系，一方面促进胶凝材料的进一步水化，另一方面可减少因水化引起的内部湿度的降低幅度，进而达到抑制高性能混凝土自收缩的目的。

5.3.1.4 掺矿物掺合料

对高性能混凝土薄壁结构而言，矿物掺合料较多，工程中常用的有粉煤灰、矿渣和硅粉等，工程经验表明，它们对混凝土的温度和收缩影响规律不同，进而影响混凝土的温控防裂。

以粉煤灰代替部分水泥，可以减小总的水化反应热量和水化反应速度，降低混凝土的绝热温升，进而降低混凝土温度峰值、延缓峰值的到达时间。粉煤灰具有微集料效应，粉煤灰细微颗粒均匀分散到水泥浆体中，成为大量水化物沉积的核心，随着水化的进展，这些细微颗粒及其水化产物填充水泥孔隙，减小混凝土毛细孔的尺寸和水分的扩散，从而降低了混凝土的收缩值，因此粉煤灰的掺入具有减缓和降低混凝土早期收缩的作用并且随着粉煤灰掺量的加大，混凝土早期收缩降低也增大。因此可以说，从材料角度考虑，粉煤灰可以提高混凝土抗裂性能。

矿渣的掺入能有效降低混凝土的早期放热速度和放热量，不会延缓水泥的水化反应时间，但磨细矿渣的掺入一般会增大高性能混凝土的收缩，且与其细度密切相关。因此，矿渣的掺入对混凝土防裂是两方面的，有利的一面是降低了混凝土的温升，不利的一面是增大了混凝土收缩变形，矿渣对混凝土工程裂缝危险性的影响较难确定。

硅粉掺量越大，高性能混凝土收缩也就越大，弹性模量越高，但同时硅粉又减小水化热量和温度应力，同时又使抗拉强度提高和弹塑性徐变增加，降低了早期裂缝的危险性。因此，硅粉对实际混凝土工程裂缝危险性的影响也较难确定。

5.3.1.5 掺入膨胀剂

由于混凝土裂缝主要是由于混凝土的收缩变形引起的，因此为了减少和消除混凝土裂缝，应尽量设法保持混凝土体积的稳定性，于是人们产生了用材料的化学膨胀方法来补偿混凝土收缩的想法，为膨胀剂的产生打下了思想基础。

膨胀剂加入混凝土中，在水泥凝结硬化过程中能产生体积增大的水化产物，从而表现出膨胀性能。在限制条件下，混凝土中能产生一定的预压应力，抵消混凝土收缩所产生的拉应力，从而防止和减少混凝土因收缩产生的裂缝；另一方面，水化生成的钙矾石晶体能填充、堵塞混凝土的毛细孔，改变混凝土中孔结构和孔级配，使有害孔减少，无害孔增多，总孔隙率还有所降低[192]，使混凝土的密实度提高，从而提高了混凝土的耐久性。

可以产生化学膨胀的矿物较多，常用的膨胀剂包括硫铝酸钙类、氧化钙类、氧化镁类、金属类等。不同的矿物产生的膨胀特点也不尽相同，其中，以过渡轻烧氧化镁为代表的氧化镁类膨胀剂是目前最常用的混凝土外加膨胀剂[210-215]。

在具体工程中使用时要考虑很多实际应用问题，因为膨胀剂的使用效果受到许多因素的影响，依次为[193]：①单方混凝土中膨胀剂或膨胀水泥的用量；②膨胀剂或膨胀水泥的品种；③养护条件，包括养护时间、湿度和温度；④约束程度；⑤水胶比；⑥配筋方式，包括配筋分散度、限制维数等；⑦水泥和化学外加剂；⑧集料类型。

5.3.1.6 掺入减缩剂

笔者认为，减缩剂的作用机理可以用毛细管张力学说理论[10]来解释，随着水泥水化反应的进行，在混凝土中形成大量的微细孔，空隙中的自由水量逐渐降低，相对湿度逐渐下降导致毛细孔中产生弯月面，毛细孔中水变为不饱和状态，造成混凝土受负压作用，作用于毛细管壁上而产生收缩。添加减缩剂后使得微空隙内的表面张力降低，从而降低了孔内附加压力，降低了曲面平衡蒸汽压，从而提高了混凝土内的相对湿度而减弱了自干燥效应，减小了收缩变形。另外，减缩剂可以改善混凝土的工作特性；通过提高混凝土的极限拉伸率来增韧降脆；通过内部自养护提高混凝土密实度和混凝土的抗渗性能。

研究表明，减缩剂在高性能混凝土的防裂中很有效，不仅能有效降低混凝土的早期收缩，还可以使裂缝开裂时间大大推迟，裂缝数量也显著减少。另外，减缩剂对掺粉煤灰和矿渣混凝土具有同样的作用效果。因此，减缩剂是控制混凝土早期裂缝的有效措施之一。

5.3.1.7 掺纤维

早在 20 世纪 70 年代，世界发达国家如美国、英国、加拿大等就着手对建材纤维研究开发，并相继投入了工业化生产，已广泛应用于各类建筑工程。纤维混凝土在中国起步较晚，主要有聚丙烯纤维和钢纤维，钢纤维混凝土具有较好的导热性，可以减小混凝土的温度梯度、降低早期表面的拉应力，但钢纤维具有成本高、耐化学腐蚀性差等缺点，且作用很有限，因而工程建设中较少采用。聚丙烯纤维是近几年才在工程中得到推广应用[194]。

掺入聚丙烯纤维还可有效提高混凝土强度，降低弹性模量，使混凝土的韧性、抗裂性能增强，同时改善混凝土的防渗、抗冻、抗冲磨等性能。另外，在混凝土的各类收缩中，聚丙烯纤维主要控制塑性收缩引起的裂纹，当在混凝土中掺入聚丙烯纤维后，可在混凝土内部形成一种均匀分布的支撑体系，延缓和阻止早期混凝土塑性裂缝的发生和发展；同时混凝土内部的微裂缝在发展的过程中必然遭遇到纤维的阻挡，消耗了能量，纤维还可以降低微裂缝尖端的应力集中，防止微裂缝的进一步发展，起到抗裂的作用。

5.3.2　改进施工技术

除了从材料角度考虑混凝土的温控防裂外，也可从其他方面进行考虑，但就工程防裂问题而言，施工防裂技术才是温控防裂的一个重要环节。

5.3.2.1　表面保温

混凝土表面保温措施就是利用具有保温性能的模板（如木模板、竹胶模板）代替无保温性能的钢模板或者在模板内侧粘贴具有一定保温性能的材料（如塑料质保温板等）。表面保温措施对防止早期裂缝是非常有效的，可以防止混凝土表面由于散热较快而引起混凝土表面温度下降过快，导致表面温度梯度过大形成表面拉应力超过抗拉强度而开裂，而且施工方法简单，在绝大多数混凝土工程中都广泛采用。

混凝土薄壁结构受环境温度影响显著，不但表面受其影响，内部也会较大程度受到影响，高温时甚至发生热量倒灌现象，内部温度低表面温度高，严重恶化混凝土的温度和应力。北方的某渡槽工程表明，无保温措施时混凝土结构的整体温度会随昼夜温差的变化而波动，在夏季高温季节更是严重，致使出现较多的裂缝，适时合理采用保温措施后，结构内外温差减小，热量倒灌现象消失，混凝土的温度波动现象不复存在，结构没有出现温度裂缝，施工期的温控防裂取得圆满成功。

保温效果与保温材料和厚度密切相关，不同保温材料以及相同材料不同厚度时保温效果不同。一般来说，塑料泡沫板的保温性能好于竹胶模板，竹胶模板的保温性能又好于木模板，同种材质时，厚度越大，保温效果越好。另外，不同材质和不同厚度的材料可以互相组合，以达到最佳的保温效果。

混凝土表面保温持续时间对混凝土防裂也有重要影响。保温持续时间太短，拆除表面保温措施时混凝土内外温差可能仍然较大，存在着表面开裂的可能性；若混凝土保温持续时间较长，提高了混凝土的基础温差，增大了温降幅度，加大了后期的温控防裂压力；另外，混凝土表面的保温持续越长，为维持周转，施工单位购置的保温材料的数量也会越大，相应的材料费用也越高。

研究表明，保温措施应该适时合理，过轻的表面保温不能很好地减小内外温差，起不到较好的温控防裂效果；过度的表面保温虽然对减小结构的早期内外温差很是有利，但同时也提高了混凝土的基础温差，增大了温降幅度，加大了后期的温控防裂压力，因此表面保温应该有个度。总之，为避免过度和过轻的保温，保温材料、保温厚度和保温持续时间的选择都要通过仿真计算来确定，以期实现最佳的、适时合理的保温效果。

另外，采用外贴法，即在钢模板外贴保温材料，不失为是一种效果好，使用方便、经济的保温措施，不但混凝土的表面质量得到改善，且保温效果很明显，使用也很灵活，值得应用推广。

5.3.2.2 内部降温

自从 20 世纪 30 年代水管冷却技术在美国成功应用以来，全世界都在大坝等大体积混凝土结构中应用，并成为一项重要的混凝土温控措施。不同于大坝等大体积混凝土结构，高性能混凝土薄壁结构水灰比低、水化反应剧烈、混凝土温升高，再加上结构型式相对单薄，施工期很容易产生温度裂缝，因此，进行温度控制也就显得尤为重要。实践证明，埋设冷却水管是一项经济、有效且方便的混凝土温控手段，如能把大体积混凝土中的水管冷却技术应用到高性能混凝土薄壁结构中不失为一种技术上的突破和创新。

　　水管冷却降温的原理是通过在混凝土内部布置冷却水管，利用水管中流动的冷却水把水化热量带走，直接对混凝土结构进行导热降温。由于表面热量散发快于内部，通过内部冷却水管降温，防止混凝土内部温升过高，减小了结构的内外温差和温度梯度，防止了早期表面裂缝的产生，水管"减差"作用明显；同时，水管对内部降温的结果对后期也产生了直接影响，使得混凝土温度峰值降低，后期温降幅度大大变小，温降收缩变形减小，防止了后期收缩裂缝的产生，水管"削峰"作用效果显著。冷却水管所具有的"削峰"和"减差"双重作用是其他温控措施难以比拟的，防裂效果十分明显。

　　水管冷却效果受很多因素的影响，包括水管的材质、管径和壁厚，水管的布置形式、层距和间距，水管的通水时间、通水方向、水温和流量等。研究表明，铁管的冷却效果好于塑料管；层距和间距越小，冷却效果越明显；通水时间越长、冷却水温越低、流量越大，水管导热降温越显著。

　　当然，不能一味的的追求增大降温效果，过大的降温会使混凝土的收缩增大，甚至内冷外热的现象发生，这对混凝土防裂反而不利。因此，针对具体的实际工程和实际情况，应当通过严密的的计算方法进行多工况的仿真计算分析，选定合适的水管材质，确定适时合理的水管布置形式和通水方式，争取达到最佳的温控效果。

5.3.2.3　吊空模板技术

　　吊空模板施工技术的目的是减小底板对上部墙体的约束。工程经验表明，底板对墙体约束的程度与底板和墙体尺寸密切相关，底板尺寸越大、墙体长度越长，约束作用越明显；间歇时间越长、底板弹性模量越大，约束作用也越明显，墙体内部应力必然越大。吊空模板技术在某种程度上减小了对墙体起到约束作用的混凝土的尺寸，从而减小了底板对墙体的变形约束作用。

　　一般来说，和底板同时浇筑的墙体部分越高，上部结构受的约束也就越小，但是由于施工时需吊空模板，将使施工程序复杂、难度加大，而且施工中增加了跑模的概率，所以同时浇筑的墙体部分又不能太高。

5.3.2.4 后浇带技术

当浇筑块过长时，常常设置后浇带来减小浇筑长度，从而减小底板对墙体的约束，后浇带又称为后浇施工缝，是一种现浇混凝土结构施工过程中，克服由于温度收缩而可能产生的有害伸缩的一种临时施工缝。后浇带一般也只是设置在墩墙中，地基仍为整体。

设置后浇带的优点是可以有效减小由于温度变化而产生的收缩应力，且一般不需作专门的处理，施工简便，效果也较好；缺点是它破坏了结构的整体性，施工不当会造成结构裂缝、漏水等现象，因此，需注意的是后浇带的浇筑与墩墙间间隔时间不宜过长，而且后浇带需掺加一定量的微膨胀剂，补偿温度收缩，确保和墩墙主体接合良好。

底板的约束程度受多种因素的影响，包括混凝土的弹性模量、线胀系数、温差、阻力系数和底板厚度等，因此，后浇带间距的设计应该考虑这些因素的影响，从而能有限地削减温度收缩应力。一般情况下，后浇带间距按下式计算[141]：

$$L = 1.5 \sqrt{\frac{EH}{C_x}} \operatorname{arch} \frac{|aT|}{|aT| - \varepsilon_{pa}}$$

式中：L 为后浇带平均间距；E 为混凝土弹性模量；C_x 为地基或者基础水平阻力系数；a 为混凝土线胀系数；T 相互约束结构的综合降温差，包括收缩当量温差；ε_{pa} 为混凝土的极限拉伸，取值为（1～3.0）$\times 10^{-4}$，根据养护条件、降温速率、混凝土配合比有所不同；H 为底板厚度或者板墙高度。

在《混凝土结构设计规范》（GB 50010—2002）中，后浇带方法得到了肯定。在近年来的建设经验中，主要是工业与民用建筑方面，采用后浇带法代替永久性伸缩缝是已经成熟的经验，是一项技术进步，今后仍有可能推广应用，但破坏结构的整体性却是一个不争的事实。

5.3.3　其他措施

5.3.3.1　环境方面

研究表明，环境的温度变化和湿度变化对混凝土的收缩变形有重要影响，在条件允许的情况下，应合理地选择混凝土的浇筑季节，尽量避开在夏季高温季节和严寒的冬季施工。

如果在高温季节施工，很高的外部环境温度不利于混凝土的散热，在混凝土的浇筑初期还可能出现热量倒灌现象，这样会使混凝土内部产生很高的温度，增大后期的基础温差和温降幅度，不能满足温度控制的需要。如果不得已在高温季节浇筑，施工时应随时和气象站保持紧密联系，选择环境温度较低的时刻浇筑，尽量在早、晚或夜间浇筑混凝土，并采取相应的措施。

如果在寒冷的冬季施工，较低的环境温度减缓了水泥的水化作用，推迟了混凝土的凝固时间，将增加保温和养护的时间，且过低的环境温度会使水化反应不能进行下去，对新形成的很薄弱的水泥晶粒结构会产生永久性的损害，不利于混凝土强度的发展。

5.3.3.2　管理方面

为了防止裂缝产生，除了有效的温控措施外，还需要加强施工管理、提高混凝土施工质量。

严格控制混凝土的均匀性。当混凝土的搅拌不均匀、振捣不密实时，都将导致混凝土强度离差系数大，裂缝从强度最低的薄弱处开始，出现裂缝的几率增大。

严格控制混凝土的入仓温度。混凝土夏季最高入模温度控制在30℃，选择室外气温较低时浇筑混凝土；混凝土浇筑现场高温季节用凉篷或麻袋遮盖，尽量避免混凝土被阳光直射等。混凝土冬季最低入仓温度控制在 10 ℃，选择室外气温较高时浇筑混凝土，混凝土浇筑完成后应用麻袋覆盖保温。

严格落实温控防裂方案。温控防裂方案是经过精确的仿真计算筛选出来的，具有适时合理性，如果不严格执行，不但起不到应有的温控效果，甚至会出现负面影响，不利于防裂，比如水管通水冷却，必须准确把握通水开始时间。

5.3.3.3　养护方面

混凝土施工后，对其进行养护是很重要的环节。在一定时间内保持适当的温度和湿度，造成混凝土良好的硬化条件，不仅能保证混凝土强度正常发展，而且也能防止混凝土干缩裂缝的发生。

（1）在混凝土内部及表面合理布设测温点，加强温度观测，并根据环境温度，随时了解混凝土浇筑后温度的升降情况，掌握混凝土内外温差变化，及时采取增减覆盖物等措施，以便能很好地控制混凝土的内外温差和温降速率。

（2）混凝土浇筑后，应适时加盖草垫、麻袋等覆盖物，定时洒水养生，在混凝土表面形成小气候；加强保温和保湿养护，延缓降温速度，减少内外温差。如遭遇环境气温骤降，一般推迟至气温骤降期过后再拆模。

（3）混凝土浇筑后的初期，切忌松模浇水，使结构表面急剧降温，增加结构的温度应力。虽然有些规范，包括 ACI 的规范都有类似的规定，但是理论分析和实践经验说明，早期松模浇水更容易引起开裂，特别是对高性能混凝土。

5.4　应注意的几个问题

5.4.1　钢筋对混凝土温控防裂的影响

在混凝土浇筑初期，温度应力一直是威胁大体积混凝土结构开裂的重要因素，在混凝土中配置温度构造钢筋是裂缝控制措施之一[195]。钢筋和混凝土两种材料的热学性能和力学性能相差较大，所以混凝土配置钢筋后，原来素混凝土材料的热学和力学性能发生变化，如比热、热传导系数、极限拉伸等和原混凝土而言都会有所不同，这就直接影响到结构的温度场、应力场及混凝土的变形性能，进而影响混凝土裂缝。但是其影响规律和影响深度都是需要我们在分析大体积钢筋混凝土水工结构时应该考虑的。

5.4.1.1　钢筋对混凝土温度场和应力场的影响

资料显示，结构中钢筋的导热系数是混凝土导热系数的 $15\sim30$ 倍左右，因此，配置钢筋后，混凝土的导热性能得到很大提高，促进了混凝土内部不同区域之间热量的传递和交换，使混凝土内温度分布趋于均匀，减少混凝土结构的内外温差和温度梯度，从而减小结构由于温差引起的应力。

同样的，钢筋的比热又约是混凝土比热的 $1/2$ 左右，因此，配置钢筋后，混凝土的整体比热减小，结构在水泥水化反应一定的前提下，结构的温升速率加快，并和环境较早地形成温差，加速了水泥水化热量的散发，降低了混凝土结构的最高温度、基础温差和后期的整体收缩。

另外，文献 [175] 显示，钢筋和混凝土的热膨胀系数也并不是我们主观上认为的有数量级的差别，而是在数值上较接近，钢筋热膨胀系数一般为 $1.2\times10^{-5}/℃$，混凝土为 $1.0\times10^{-5}/℃$。虽然有相互约束，但单纯的温度变化时，不会产生较大的相对变形而造成黏结破坏，因而可以紧密连接协同工作，不易因热胀冷缩而脱离或引起破坏，带螺纹的钢筋与混凝土连接会更为紧密。

总之，通过上面的分析可以看出钢筋的特性对混凝土温控是有利的，另外，由于钢筋大都布置在结构的表层附近，会使得结构内温度分布更趋均匀、热量向环境散发也更加方便，对减小内外温差和基础温差是有利的。

5.4.1.2　钢筋对混凝土抗裂和限裂性能的影响

尽管钢筋对早期的温控防裂是有利的，但是对后期而言，它却限制了混凝土的收缩和徐变变形，显示出不利的一面。限制的程度受配筋率大小和徐变大小的影响，也受配置钢筋分布情况的影响，钢筋分布越集中，混凝土越不均匀，越容易产生裂缝。

但是混凝土中配置分散的钢筋又有利于提高混凝土的极限拉伸应变，钢筋的配置情况与钢筋混凝土的极限拉伸的关系可用齐斯克列里经验公式表示[195,196]：

$$\varepsilon_{pa} = 0.5 R_f \left[1 + \frac{p}{d} \right] \times 10^{-4}$$

式中：ε_{pa} 为配筋后混凝土的极限拉伸；R_f 为混凝土抗裂设计强度，MPa；p 为混凝土截面配筋率 $\mu = 0.2\%$、0.5%，则 $p = 0.2$、0.5；d 为钢筋直径，cm。

这是瞬时荷载作用下的公式，如果极慢速约束变形作用考虑徐变作用，至少可以增加一倍。

从齐斯克列里经验公式看出 p/d 增大时，ε_{pa} 增大，即要求混凝土的抗裂性能好，p 就要大，而 d 就要小，反过来说就是配筋要细、密[141,196]。

钢筋混凝土极限拉应力：$R_f = \varepsilon_{pa} E$。设混凝土的温度应力为 σ_1，如果计算结果 $\sigma_1 > R_f$，表明此处混凝土会开裂。

由于钢筋混凝土的抗拉应力 R_f 大于素混凝土的抗拉应力 R，所以配置钢筋可以提高混凝土抗拉强度，在一定程度上防止裂缝。

研究表明，在混凝土中配置钢筋虽然不能抗裂，但却可以限裂。在大体积混凝土应力较大的情况下，钢筋虽然不能完全阻止裂缝的出现，但可以把无筋混凝土时的单个宽裂缝分散成许多条的细微裂缝[197]，钢筋拉应力或拉伸应变越小，就意味着裂缝宽度越小，裂缝条数越多，裂缝间距越小。

综上所述，虽然钢筋对混凝土的温控防裂和限裂是有利的，但是工程经验、仿真计算和文献资料都显示其影响程度都很小，完全可以忽略不计，且从安全角度来说，其有利因素也因此可以作为一种安全储备，因此在后续章节中不考虑钢筋对混凝土结构温控防裂的影响。

5.4.2 太阳辐射对混凝土薄壁结构的影响

水工混凝土结构大都处于相对恶劣环境条件中，长期经受环境温度和太阳辐射的影响，再加上混凝土又是热惰性材料，太阳辐射很容易使混凝土表面升高，在结构内产生较大的温度梯度和相互变形，很容易使结构产生裂缝。水工混凝土薄壁结构受力复杂，又属多次超静定结构，太阳辐射对其受力的影响更是不容忽视。

太阳辐射是太阳时刻不停地以电磁波的形式辐射到地球的能量，太阳辐射主要分为直接辐射和间接辐射。太阳直接辐射是直接辐射到混凝土表面的能量部分；间接辐射也称散射辐射，是经过环境的多次散射而到混凝土表面的部分。地面的反射辐射也会对混凝土表面有所影响。混凝土表面的太阳辐射影响一般指三者之和。

5.4.2.1　直接太阳辐射

太阳赤纬角 δ，地球中心与太阳中心的连线与地球赤道平面的夹角称为赤纬角，用 δ 表示[198-206]：

$$\delta = 0.3723 + 23.2567\sin\theta + 0.1149\sin2\theta - 0.1712\sin3\theta - 0.758\cos\theta$$
$$+ 0.3656\cos2\theta + 0.0201\cos3\theta$$

式中：θ 为日角，$\theta = 2\pi t/365.2422$。

$$t = N - N_0$$

式中：N 为积日，积日就是日期在年内的顺序号，例如，1 月 1 日其积日为 1，平年 12 月 31 日的积日为 365，闰年则为 366，等等。

$$N_0 = 79.6764 + 0.2422 \times (年份 - 1985) - \text{INT}[(年份 - 1985)/4]$$

在春分和秋分日 $\delta = 0°$，冬至日 $\delta = -23.5°$，夏至日 $\delta = 23.5°$。

太阳时角 ω。地球自转一周，太阳时角 24h 大约变化 360°，相应的时间为 24h，每 1h 地球自转的角度约为 15°。正午，太阳时角为零，其他时辰太阳时角的数值等于离正午的时间（h）乘以 15。上午时角为负值，下午为正值。真太阳时是以当地太阳位于正南向的瞬时为正午。由于太阳与地球之间的距离和相对位置随时间在变化，以及地球赤道与其绕太阳运行的轨道所处平面的不一致，因而真太阳时与钟表指示的时间（平均太阳时）之间总会有所差异，它们的差值即为时差。

太阳高度角 h。对于地球表面上某点来说，太阳的空间位置可用太阳高度角和太阳方位角来确定，太阳高度角 h 是地球表面上某点和太阳的连线与地平面之间的交角。太阳高度角可用下式计算：

$$\sin h = \sin\phi\sin\delta + \cos\delta\cos\phi\cos\omega$$

式中：ϕ 为当地纬度。

太阳方位角 α 是太阳至地面上某给定点连线在地面上的投影与南向（当地子午线）的夹角[202]。太阳偏东时为负，偏西时为正，其计算公式为

$$\sin\alpha = \frac{\cos\delta\sin\omega}{\cos h}$$

若此式算得的 $\sin\alpha$ 大于 1 或 $\sin\alpha$ 的绝对值较小时，换用下式计算：

$$\cos\alpha = \frac{\sin h\sin\phi - \sin\delta}{\cos h\cos\phi}$$

太阳入射角（即太阳射线与壁面法向之间的夹角）i 某时该的计算式为：

$$\cos i = \cos\theta\sin h + \sin\theta\cos h\cos\varepsilon$$

式中：θ 为壁面角，即壁面与水平面之间的夹角，垂直面 $\theta = 90°$；水平板壁 $\theta = 0°$；ε 为壁面太阳方位角，即壁面上某点和太阳之间的连线在水平面上的投影，与壁面法线在水平面上的投影之间的夹角，$\varepsilon = \alpha - \gamma$，其中 γ 为壁面法线在水平面上的投影与正南向的夹角。壁面偏东为负，偏西为正，正南为零。

则平面所接受的太阳辐射强度为：

$$I_d = I_0 P^m\cos i$$

式中：I_0 为太阳常数，其值为 $1353\,\mathrm{W/m^2}$；P 为该地区某时的大气透明率，m 为大气质量。

$$m = 1/\sin h$$

式中：h 为上面提到的太阳高度角。

5.4.2.2　间接太阳辐射

对于天空散射辐射强度 I_{diff}，可用 Berlage 公式计算[202]：

$$I_{\mathrm{diff}} = \frac{1}{2}I_0\sin h\,\frac{1 - P^m}{1 - 1.4\ln P}\cos^2\frac{\theta}{2}$$

式中：θ 为所在平面与水平面的夹角。

5.4.2.3　地面的反射辐射

与水平面呈 θ 角的倾斜面获得的地面反射辐射强度为[207]：

$$I_{\text{ground}} = \rho_G I_{\text{sun}} \left[1 - \cos^2 \frac{\theta}{2} \right]$$

式中：ρ_G 为地面平均反射率，对草地 ρ_G 取 $0.17 \sim 0.22$；对水泥路面 ρ_G 取 $0.33 \sim 0.37$。故一般城市地面，ρ_G 可近似取 0.2；有雪时取 0.7。I_{sun} 为水平面所接受的太阳总辐射强度：

$$I_{\text{sun}} = I_0 P^m \cos i + \frac{1}{2} I_0 \sin h \, \frac{1 - P^m}{1 - 1.4 \ln P}$$

另外，太阳辐射对混凝土的影响还受空气的浑浊程度，混凝土表面颜色和粗糙程度的影响，晴天的太阳辐射强度好于阴天；混凝土表面颜色越深、越粗糙，太阳辐射吸收影响越大。

5.4.2.4　太阳辐射边界条件的处理

水工混凝土薄壁结构的顶部、边墙、底板受太阳辐射影响各不相同。对于顶部表面受到太阳直射、散射的影响；边墙外表面受到太阳直射、散射、反射的多重影响[198-206]，结构如有横肋、竖肋和翼缘，由于其尺寸较小，可以不考虑其对太阳辐射的遮挡作用；底板外表面则受到地面的反射作用。各影响见下式：

顶面：
$$I = I_0 P^m \cos i \sin h + \frac{1}{2} I_0 \sin h \, \frac{1 - P^m}{1 - 1.4 \ln P}$$

腹板：
$$I = I_0 P^m \cos i \cos\theta + \frac{1}{4} I_0 \sin h \, \frac{1 - P^m}{1 - 1.4 \ln P}$$
$$+ \frac{1}{2} \rho_G \left[I_0 P^m \cos i + \frac{1}{2} I_0 \sin h \, \frac{1 - P^m}{1 - 1.4 \ln P} \right]$$

底板：
$$I = \rho_G \left[I_0 P^m \cos i + \frac{1}{2} I_0 \sin h \, \frac{1 - P^m}{1 - 1.4 \ln P} \right]$$

对于太阳辐射的影响，有限元仿真计算时，边界条件也得作相应的调整，对式（3.7）进行修改，得出

$$-k \frac{\partial T}{\partial n} = \beta(T - T_a) - I$$

或
$$-k \frac{\partial T}{\partial n} = \beta \left[T - \left(T_a + \frac{I}{\beta} \right) \right]$$

比较以上两式，可见太阳辐射的影响相当于周围空气的温度升高了

$$\Delta T_a = I/\beta$$

5.4.3 寒潮冷击对混凝土薄壁结构的影响

从施工期混凝土的裂缝形成机理可以看出，除与混凝土自身的物理力学性质有关外，国内外普遍认同温度荷载是引起裂缝的重要因素[63]。为了避免温度裂缝的产生，需减小结构在施工期的温差及温升，防止出现过大的温度变化或者说过大的温度变化幅度。特别是拆模后不久的温度变化，包括环境温度、风速、日照情况等，寒潮袭击是其中最危险的因素，实际的工程中，往往在一次大的寒潮过后，会出现一批表面裂缝。

对大坝等大体积混凝土而言，由寒潮等气温骤降因素引起的温度应力主要使结构表面产生裂缝[208]，不会使结构产生贯穿性裂缝，但是对于水工混凝土薄壁结构而言，一般由底板、墙体、主梁、次梁和肋组成，结构形式复杂单薄、棱角多，且属多次超静定结构，相互约束明显，环境温度的急剧变化可使整个结构断面受到影响，再加上施工期混凝土自身强度较低，裂缝一旦出现，都将是贯穿性裂缝。因此，施工时应随时和气象部门保持联系，掌握气象信息，寒潮来临前，根据寒潮类型和降温幅度，选取适宜的材料进行表面保温；遇到寒潮时应加大表面保温力度，推迟拆模时间。

为了显示寒潮的影响效果，本节以某渡槽工程为例，拆模时间为混凝土浇筑完第 8d，仿真计算考虑假设拆模后遭遇为期 5d、1d 内降温 10℃的 U 形寒潮冷击的危险情况，分析其对温度场和应力场的影响。1 号和 2 号特征点分别为主梁表面点和内部点。

（1）寒潮期间温度场的计算结果分析。从图 5.3 可以得出，由于考虑了寒潮的袭击，在浇筑完 8d 后开始的 5d 内，气温陡然降低，成 U 形分布。相应于环境温度的变化，混凝土的温度也明显降低，但温降幅度小于气温，且具有滞后性，成 V 形分布。和大体积混凝土结构不同的是，混凝土薄壁结构受寒潮的影响更是显著，

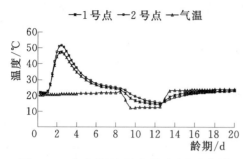

图 5.3　有寒潮特征点温度历时曲线

由于尺寸较小，不但表面受到寒潮的显著影响，内部也受到寒潮的深刻影响，如 2 号点。横向比较而言，寒潮期间 2 号点的降温幅度和升温幅度小于 1 号点，且时间上滞后于 1 号点，原因是混凝土为热的不良导体，而 2 号点为内部点，1 号点是受寒潮影响更显著的表面点。寒潮过后温度回升，表面点大约在寒潮过后 10d 和环境温度趋于一致，内部点在 12d 后和环境温度趋于一致。

（2）寒潮期间应力场的计算结果分析。由于混凝土温度场的时空变化，应力场也发生明显而复杂的变化。从图 5.4 可以看出，寒潮期间温度的陡然降低导致混凝土收缩应力急剧变大，相应于寒潮期间温度的

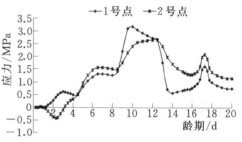

图 5.4　有寒潮特征点应力历时曲线

V 形分布，混凝土的应力呈现 η 形分布，最大值超过了混凝土的允许抗拉强度，具有开裂的可能性。和大体积混凝土降温阶段"表面受压、内部受拉"规律不同的是，混凝土薄壁结构降温阶段结构全断面受拉，因此寒潮的影响也是全断面影响，致使表面和内部应力都变大（图 5.4）。就 1 号点和 2 号点比较而言，2 号点的应力变化幅度要小于 1 号点，且在时间上滞后于 1 号点，究其原因，主要是 2 号点为内部点，1 号点是表面点。

总之，对于混凝土薄壁结构，特别是梁、板、墙和肋等组成的多次超静定混凝土薄壁结构，施工期若遭遇寒潮等环境温度骤然变化时必须加强表面保温的力度，防止由于温度骤变而使贯穿性裂缝产生。

5.4.4 昼夜温差对混凝土薄壁结构的影响

大体积混凝土结构施工期受到昼夜温差作用会产生不利影响，由昼夜温差等气温骤变因素引起的温度应力主要使结构表面产生裂缝，一般不会使结构产生贯穿性裂缝，而对混凝土薄壁结构而言，由于结构尺寸相对较小，环境温度的急剧变化可使整个结构断面受到影响，再加上施工期混凝土自身强度较低，裂缝一旦出现，都将是贯穿性裂缝。混凝土薄壁结构受昼夜温差影响更是显著。

工程经验表明，在昼夜温差作用下，混凝土薄壁结构表面和内部都会产生较大应力震荡，对施工期温控防裂不利，因此，建议具有较大昼夜温差地区的混凝土结构在施工期加大表面保温力度或者延长拆模时间，降低昼夜温差对结构的影响程度。为了防止裂缝产生，施工期应重视混凝土表面的保温措施，随时和气象部门保持联系，掌握气象信息，根据不同地区昼夜温差的大小选取适宜的材料进行表面保温。

另外，对混凝土薄壁结构施工期的仿真计算，环境温度取日气温将会更加合理得当。

为了显示昼夜温差的影响效果，本节以某渡槽工程为例，槽身混凝土等级为 C50W6F200 工程所在区域属暖温带大陆性季风气候区，四季分明，根据工程所在地气象资料，当地多年月平均气温见表 5.2，多年月平均气温拟合曲线见图 5.5。混凝土的温控防裂任务复杂而艰巨。

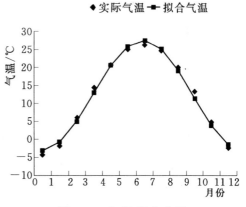

图 5.5 气温拟合曲线

表 5.2					多	年 月	平 均	气 温				
月份	1	2	3	4	5	6	7	8	9	10	11	12	年平均
气温/℃	−4.4	−1.7	5.8	14.3	20.6	25.1	26.3	24.8	19.9	13.3	4.7	−2.3	12.2

多年月平均气温拟合公式：
$$T_a(t) = 12.2 + 15.35 \times \cos[\pi/6(t-6.4)]$$
式中：t 为月份。

日气温：
$$T_d(\tau) = T_a(t) + 7.5\cos[\pi/12(\tau-14)]$$
式中：τ 为每天中的时刻；$T_a(t)$ 为月气温。

根据工程结构的对称性以及目前计算机的计算水平，建模时取一半结构参与计算。由于混凝土表面受环境影响较大，温度梯度较大，结构表面单元划分相对密些；为反映水管周围的温度梯度，对水管周围的网格进行加密。槽身分两层施工，间隙面为墙体下部的八字角处，间隙时间 15d。分层及特征点布置见图 5.6，仿真计算网格见图 5.7。

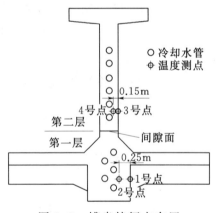

图 5.6　槽身特征点布置

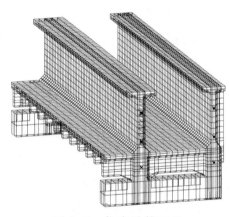

图 5.7　仿真计算网格

这里以 5 月施工混凝土为研究对象，为防止混凝土升温阶段过大的内外温差，进行了适时的内部水管降温和适当表面保温，拆模时间为 8d。仿真计算考虑拆模后遭遇 15℃ 昼夜温差的影响，历经 5d 时间。仅对第一层的计算结果进行分析，分析以特征点 1、特征点 2 和跨中横剖面温度和应力 σ_1 为主。为了对比分析，还对不考虑昼夜温差（按月气温变化）影响的情况进行了仿真计算。

（1）昼夜温差作用下结构的温度场。

从图 5.8（a）和图 5.8（b）对比可以看出，由于考虑了昼夜温差的影响，在第一层浇筑完 8d 后开始的 5d 内，环境温度随日气温变化，成波浪形分布。相应于环境温度的变化，混凝土的温度也随气温波动，但波动幅度小于气温，且在时间上滞后于气温变化，见图 5.8 (b)。和大体积混凝土结构不同的是，混凝土薄壁结构受昼夜温差的影响更是显著，由于尺寸较小，不但表面受到昼夜温差的显著影响，内部也受到深刻影响。横向比较而言，考虑昼夜温差后 2 号点的波动幅度小于 1 号点，且在时间上滞后于 1 号点，原因是混凝土为热的不良导体，而 2 号点为内部点、1 号点为受昼夜温差影响更显著的表面点。5d 后环境气温按月气温变化，混凝土温度也和外界气温趋于一致。对比图 5.8 (a) 和图 5.8 (b) 可以看出，不考虑昼夜温差的前 8d 混凝土温度场的时空变化规律一样，这里不予赘述。

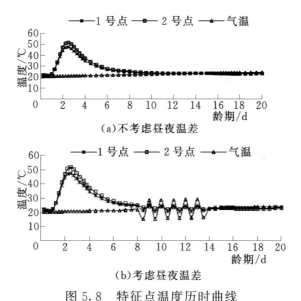

(a)不考虑昼夜温差

(b)考虑昼夜温差

图 5.8　特征点温度历时曲线

从温度等值线上可以看出：不考虑昼夜温差影响时主梁混凝土内部最高温度为 24.8℃，表面温度 23℃左右，内外温度梯度不大；考虑昼夜温差影响时温度明显降低，内部最高为 24.6℃，表面仅为 19℃，内外温度梯度明显增大，见图 5.9 (a) 和图 5.9 (b)。

(2) 昼夜温差作用下结构的应力场。

由于混凝土温度场的时空变化，应力场也发生明显而复杂的变

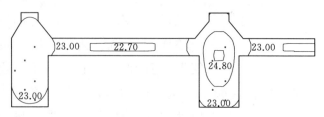

(a)不考虑昼夜温差

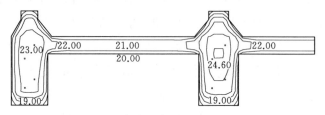

(b)考虑昼夜温差

图5.9 混凝土浇筑完12.5d时跨中剖面温度等值线

化。对比图5.10（a）和图5.10（b）可以看出，昼夜温差的影响导致混凝土收缩应力急剧变大，相应于温度随气温的震荡，混凝土的应力也呈现周期性波动，在峰值时甚至超过了混凝土的允许抗拉强

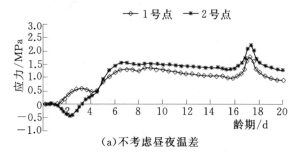

(a)不考虑昼夜温差

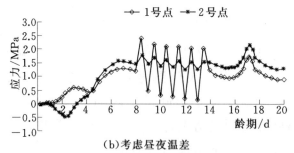

(b)考虑昼夜温差

图5.10 特征点应力历时曲线

度，具有开裂的可能。和大体积混凝土降温阶段"表面受压、内部受拉"规律不同的是，混凝土薄壁结构降温阶段结构全断面受拉，且由于昼夜温差的影响也是全断面影响，致使表面和内部应力都变大、波动，见图 5.10（b）。就 1 号点和 2 号点比较而言，2 号点的应力波动幅度要小于 1 号点，且在时间上滞后于 1 号点，究其原因，主要是 2 号点为内部点，而 1 号点是表面点。从图 5.10（a）和图 5.10（b）可以看出，没考虑昼夜温差的前 8d 混凝土应力场的时空变化规律一样，这里不予赘述。需要说明的是，无论考虑昼夜温差与否，结构在第 17.25d 应力都有突变，原因是新浇筑第二层混凝土（上部墙体）的自重和温升膨胀。

分析等值线图 5.11（a）和图 5.11（b）可以得出，由于结构为多次超静定混凝土薄壁结构，且内部布置有冷却水管，再加上遭遇昼夜温差的影响，应力的空间分布比较复杂。昼夜温差影响期间混凝土拉应力增大，易发生应力集中的部位应力增大更是明显，超过混凝土的允许抗拉强度，裂缝很容易在这些部位产生。

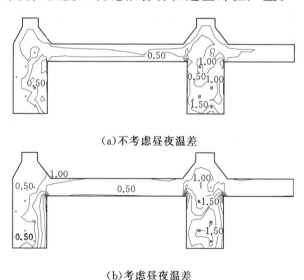

(a)不考虑昼夜温差

(b)考虑昼夜温差

图 5.11　混凝土浇筑完 12.5d 时跨中剖面应力等值线

总之，对于混凝土薄壁结构，特别是梁、板、墙和肋等组成的多次超静定混凝土薄壁结构，施工期若昼夜温差等环境温度变化幅

度较大时必须加强表面保温的力度，防止由于温度骤变而使裂缝
产生。

5.5　本章小结

（1）研究表明，混凝土的裂缝大多是在施工阶段产生的，主要
是由于变形引起的，而施工阶段混凝土的体积变形主要表现为温度
变形，因而加强温度控制和减小变形约束是防裂的重点。

（2）阐述了混凝土薄壁结构施工期的裂缝形成机理，认为温度
变形和约束是造成温度裂缝产生的主要原因，而温度变形主要是由
于内外温差和基础温差引起的；下部老混凝土对新浇混凝土的约束、
骨料对水泥石变形的约束等，也都可以使结构产生收缩裂缝。

（3）防止裂缝的产生除从材料方面改进外，最合理和经济的是
从施工技术角度进行改进。表面保温不但可以减小早期内外温差，
也可以降低后期温降速率；内部水管降温不但可以减小内外温差，
也可以降低基础温差，消减温降幅度，可以说是一举多得，且这种
方法在使用上经济，操作上灵活，值得应用推广。另外，加强施工
组织管理，保证防裂措施的成功落实也是防裂很关键的一环。

（4）不同于大体积混凝土，太阳辐射、寒潮袭击和昼夜温差会
对混凝土薄壁结构产生更加重要影响，仿真计算应给予考虑；钢筋
对施工期混凝土结构温控防裂的影响是有利的，但其影响程度较小，
不考虑钢筋的影响可以提高结构的安全度。

第6章

>>>

工 程 应 用

6.1 概述

在南水北调工程的东线和中线工程中存在大量的由混凝土底板和墙体所构成的水工薄壁结构，比如水闸底板与闸墩、渡槽底板与隔墙或边墙、泵站底板与流道墙体、倒虹吸底板与边墙、涵洞底板与隔墙甚至进水翼墙底板和挡土墙体等。这类结构相对大坝而言比较单薄，施工期容易产生温度和收缩裂缝，特别是长度方向的中间部位、底部易出现"上不着顶、下不着底""中间宽、两端尖"的"枣核形"竖直裂缝[209]，严重影响工程的建设质量和耐久性。为此，经过多年的研究和经验总结，提出了一套综合的温控防裂方法，并在一些重大工程上都取得了圆满成功。

某节制闸是实现洪水东调的关键性控制工程，水闸的基础是基岩，而基岩对闸底板混凝土有明显的变形约束作用，同时，2.5m 厚底板对 11.0m 高的闸墩混凝土也具有明显的约束作用，属典型的倒丁字形结构，因此，工程的温控防裂任务复杂而艰巨。为此，经过对这类结构的裂缝形成机理进行深入研究分析，并在此基础上进行了多参数、多方案的数值仿真计算，针对性地提出了多种温控防裂方案，并筛选适合本工程的最佳防裂方法，最终取得圆满成功，工程结束时没有出现裂缝，收到了很好的防裂效果。

安徽省某退水闸共 18 孔，闸底板厚 1.5m，墩厚 1.3m，闸墩高度和长度分别为 9.0m 和 19.0m，属混凝土薄壁结构。因采用泵送混凝土，且浇筑时间又正好处在 2004 年年末至 2005 年年初的多年未见的严冬寒冷时期（现场观测到最低气温 −11℃），施工期混凝土结构很可能会出现早期"由表及里型"或后期"由里及表型"的贯穿性"枣核形"裂缝，这是工程建设管理者、设计和施工人员必须要面临的严峻问题。对此，经过大量的混凝土温度场和应力场的有限单元法施工仿真计算分析，提出了相应的闸底板和闸墩施工期的温控防裂技术方案。实践证明，在历时约 4 个月的整个低温期混凝土施工过程中，闸底板和闸墩混凝土都没有出现裂缝，圆满地完成了工作，实现了力争在工程中不出现一条裂缝的目标。

在结构型式上颇为复杂的泵站工程建设中，施工期混凝土时有开裂的现象是不争的事实，成为工程业主、设计和施工人员最为困惑、忧虑及关心的工程问题之一。南水北调东线工程某泵站设计为 5 孔，分 3 孔一联和 2 孔一联，两联之间设沉降缝，单孔净宽 7m。泵站采用肘形流道进水，平直管流道出水，出口设快速闸门及事故检修闸门各一道，进水流道配备防洪检修平板钢闸门。泵站采用站身挡洪，主泵房基础坐落在岩基上。整个工程结构尺寸大、形式复杂，混凝土温控防裂任务十分艰巨。在对工程施工期进行仿真计算的基础上，阐述了不同时期、不同结构部位的混凝土的开裂机理，比较分析了各种防裂措施的防裂效果，针对不同的部位采取不同的防裂措施，在此基础上提出了一套综合的温控防裂方法，并取得圆满成功。

另一泵站工程为 I 等工程，主要建筑物为 1 级。泵站采用肘形流道进水、平直管出水，快速闸门断流。主体工程于 2006 年 2 月开工，施工采用泵送混凝土形式，由于工期要求，泵站中结构最复杂的进出水流道等大体积混凝土结构约 8000m³ 混凝土需在高温季节浇筑，且浇筑时室外最高温度达 40℃，防裂任务十分严峻。整个施工期，在建设管理方、科研方、施工方和监理方的密切配合和共同努力下，科研方的温控防裂方法成功落实，最终实现了预期的防裂效果，特别是取得了高温期泵站泵送混凝土施工不裂的成果。另外，该工程高温季节进行适度保温的方法具有独创性，突破了以往认为常温和高温季节施工不需表面保温的观念，为类似工程的建设提供了宝贵经验。

针对混凝土薄壁结构的裂缝形成机理，借鉴上述实际工程的成功经验，结合不同的工程实际，借助混凝土温度场和应力场仿真计算理论、三维有限单元法和冷却水管的精确算法，经过多参数、多工况的仿真计算分析，阐述了国内某大型水闸和渡槽混凝土裂缝形成原因，分析了施工期混凝土的温度场和应力场的时空变化规律，并筛选出适合本工程的温控防裂方法，指导工程施工，其中提出的一些新的防裂方法和防裂思路，都被成功使用并取得很好的效果，值得在同类工程中推广应用。

6.2 水闸

6.2.1 工程概况

某大型河口大闸枢纽工程位于浙江省绍兴市、钱塘江下游右岸主要支流上，是《钱塘江河口尖山河段整治规划》中的关键工程，也是浙东引水工程的配水枢纽。工程建设任务为防潮（洪）、治涝、水资源开发利用，兼顾改善水环境和航运等。该大闸建成后，每年可增加淡水资源 40 亿 m^3，同时将使河口段 500t 级通航保证率提高 40% 以上。由河口淤积较严重，且有较强烈的涌潮，建闸的条件较复杂，该工程也是当时亚洲在建的最大河口挡潮闸，被誉为"中国河口第一闸"。

本工程为Ⅰ等工程，主要建筑物为 1 级建筑物，工程设计泄洪流量 11030m^3/s，防洪标准为 100 年一遇洪水设计，300 年一遇洪水校核；挡潮标准为 100 年一遇高潮位设计，500 年一遇高潮位校核。大闸枢纽主要由挡潮泄洪闸、堵坝、导流堤、鱼道以及管理区等组成。大闸轴线位于该河口钱塘江南岸规划堤线上，大闸中心线选在河中偏左，即靠近绍兴侧位置。挡潮泄洪闸总净宽 560m，共设 28 孔，闸孔净宽 20.0m，闸墩长度达到 25m、高 10.5m、厚 4m，闸底板厚 2.5m，长 26m。长约 500m、450m 的鱼道分别布置在大闸左侧堤防和右侧导流堤上，大闸采用高性能混凝土。工程采用分期导流施工，总工期 3.5 年，工程总投资 12.8 亿元人民币。

6.2.2 计算模型

根据工程结构的对称性取一半结构参与计算。为计算精确，在建立计算模型时尽可能和工程实际相一致。由于闸墩表面附近受环境温度影响较大，温度和应力梯度大，同时表层混凝土的温度和应力变化情况也正是温控防裂研究的重点，因此设置相对较薄的单元，由外向内网格逐渐变粗。同时，为了模拟分层浇筑过程，计算网格在高度方向上的单元厚度取 0.4m，为一个浇筑层的厚度。网格剖分时采用空间六面体和五面体等参单元模型。

带冷却水管的仿真计算网格见图 6.1（地基取部分网格），计算模型的单元和结点总数分别为 21719 和 26177 个。当闸墩内埋设冷

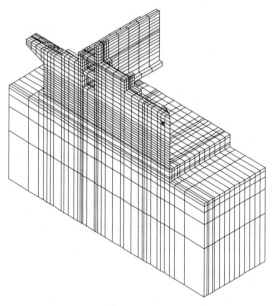

图 6.1 仿真计算网格

却水管时，由于水管的通水冷却作用，管壁附近混凝土的温度梯度也相对较大，为了确保计算分析的准确性和精确度，对水管附近的网格进行加密，图 6.2 为水管附近单元加密图。

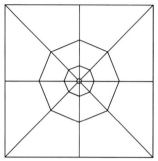

图 6.2 水管附近
单元加密图

要实现仿真计算，必须准确确定边界条件。温度场计算时，对于地基，因缺少地温资料，计算域中地基底面及四周侧面取为绝热边界；在确定地基初始温度场时，先取地温初值为多年平均气温，再单独仿真计算在地表气温变化影响下地基的非稳定温度场，并将经过长达 30 年时间过程的仿真计算所形成的温度场作为闸体结构仿真计算时的地基初始温度场。对于底板及闸墩，其外表面边界均为前述第三类热交换边界。有冷却水管时，在水管通水过程中，铁管管壁作为第一类边界条件，通水前和通水结束后作为绝热边界。

应力场计算时，地基底面视为固定，四周侧面取连杆支撑；底板平行于水流方向两个横侧面取为连杆支撑，其他边界面均为自由变形面。考虑的荷载除了混凝土结构的温度荷载外，还包括混凝土自重、自生体积变形、干缩变形和徐变变形引起的荷载等；同时还考虑了混凝土的绝热温升、弹性模量和徐变度等随时间和温度变化的特性，并对这些变化过程都进行了尽可能精细的数值仿真模拟。计算中拉应力为正，压应力为负。

6.2.3 计算参数

6.2.3.1 混凝土配合比

该大闸采用高性能混凝土，全年施工，混凝土的温控防裂任务复杂而艰巨。配合比由南京水利科学研究院提供，施工混凝土配合比见表 6.1，其中三级配混凝土用于闸底板，二级配混凝土用于闸墩。限于篇幅，这里以闸墩为主进行阐述。

表 6.1　　　　　施 工 混 凝 土 配 合 比　　　　单位：kg/m³

材料 级配	P·O 42.5 水泥	磨细 矿渣	二水 石膏	砂	5～20mm 小石	20～40mm 中石	40～80mm 大石	南科院 外加剂	水
C₃₀ 三级配	104.1	181.5	11.9	529.0	451.0	451.0	602.0	2.0	119.0
C₃₀ 二级配	138.3	241.0	15.8	588.0	654.0	654.0		3.0	158.0

6.2.3.2　混凝土热力学参数

（1）热学参数的反演分析。混凝土热学参数的选取一般都是通过专用仪器进行试验或者经验公式进行计算，但至今国内外还没有一种专门用来测定混凝土表面热交换系数的仪器或设备；经验公式计算的热学参数又往往和实际情况有较大出入。为了克服这些缺陷，利用从施工现场 1∶1 模型中得到实测温度数据，通过三维有限单元法和遗传算法对混凝土热学参数进行反分析，得到能反映混凝土真实热学性能的参数，利用真实的混凝土热学参数，再进行仿真计算的反馈研究，指导后续施工。反演参数包括混凝土绝热温升公式 $\theta = \theta_0(1 - e^{-at^b})$ 中的最终绝热温升 θ_0，反映温度变化规律的 a 和 b，以及有模板时混凝土的表面热交换系数 β。

经过 25 次的迭代求解，反演辨识的混凝土的绝热温升为 $\theta_0 = 49.6℃$，温升规律函数参数 $a = -1.28$ 和 $b = 1.21$，以及有模板混凝土的表面热交换系数 $\beta = 16.71kJ/(m^2 \cdot h \cdot ℃)$，图 6.3 为闸墩典型点温度历时曲线。从图上可以看出，闸墩混凝土反演参数计算温

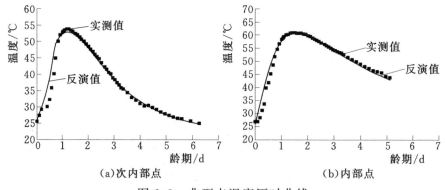

（a）次内部点　　　　　　　　（b）内部点

图 6.3　典型点温度历时曲线

度值和实测值相差很小，拟合效果较好，所得计算参数真实反映施工现场混凝土热学特性，可用于后续反馈分析，指导现场施工。图6.3（a）和图6.3（b）为不同部位的温度测点。

（2）基于水化度的热力学参数。笔者根据南京水利科学研究院提供的配合比、混凝土力学指标以及反演得出的热学参数，并参照有关经验和权威文献，得到用于本节计算的基于水化度理论的底板和闸墩计算用混凝土热力学参数，见表6.2。

表 6.2　　　　底板和闸墩计算用混凝土的热力学计算参数

名称	单位	底板	闸墩
导温系数	m^2/h	$0.00487(1.33-0.33\alpha)$	$0.00471(1.33-0.33\alpha)$
导热系数	$kJ/(m\cdot h\cdot ℃)$	$9.13(1.33-0.33\alpha)$	$9.07(1.33-0.33\alpha)$
比热	$kJ/(kg\cdot ℃)$	0.952	0.955
线胀系数	$10^{-6}/℃$	$20-12\dfrac{t_e^{2.612}}{0.202+t_e^{2.612}}$	$20-12\dfrac{t_e^{2.612}}{0.202+t_e^{2.612}}$
容重	kN/m^3	24.52	24.45
绝热温升	$℃$	$47.1(1-e^{-0.54\tau^{0.75}})$	$49.6(1-e^{-1.28\tau^{1.21}})$
泊松比		0.167	0.167
弹性模量	GPa	$E=55.54(1-e^{-0.57\tau^{0.22}})$	$E=55.62(1-e^{-0.57\tau^{0.22}})$
收缩应变	10^{-6}	$\varepsilon=-133(1-e^{-0.162\tau^{0.716}})$	$\varepsilon=-137(1-e^{-0.332\tau^{0.716}})$

6.2.3.3　气温资料

根据工程所在地气象站气温观测资料统计，多年月平均气温见表6.3。

表 6.3　　　　　　绍兴东湖气象站多年月平均气温

月份	1	2	3	4	5	6	7	8	9	10	11	12
气温/℃	4.1	5.2	9.5	15.7	20.8	24.7	28.8	28.3	23.4	18.3	12.4	6.6

将以上月平均气温资料拟合成一条余弦曲线（图6.4），拟合后的计算公式为：

$$T_a(t)=16.5+13.1\cos\left[\frac{\pi}{6}(t-7.2)\right]$$

式中：t 为月份。

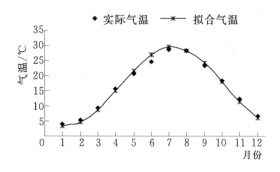

图 6.4 气温拟合曲线

考虑气温日变化，采用下式计算：

$$T_d(\tau) = T_a(t) + A\cos\left[\frac{\pi}{12}(\tau - 14)\right]$$

式中：τ 为 1d 中的时刻，h。A 为气温日变化幅度，根据不同地区的不同季节而定，根据本工程施工现场实测资料，本次计算按表 6.4 取值。

表 6.4 当地典型气温日变幅

月份	1	2	3	4	5	6	7	8	9	10	11	12
变幅/℃	11	18	14	18	15	11	10	12	13	14	21	15

6.2.4 裂缝成因分析

大闸 2006 年 6 月 30 日浇筑结束，拆模后检测发现，2 号和 16 号闸墩门槽下部发现裂缝，宽度在 0.01～0.3mm 范围内，起始于底板顶面 0.1m 以上，长度 2～4m 左右。其中 2 号闸墩裂缝分布在上游检修门槽和工作门槽处；16 号闸墩裂缝三个门槽都有裂缝生成，主要分布在上下游转角部位。2 号和 16 号墩裂缝分布见图 6.5 和图 6.6。

根据裂缝分布情况，结合工程实际，在不改变原有设计、施工和混凝土配合比的情况下，利用反分析获得的计算参数，对 5 标段闸墩混凝土的实际施工过程和温控防裂措施进行模拟，分析裂缝成因，并进行闸墩混凝土温度与应力的反馈仿真计算，在此基础上，提出下一步的施工温控防裂方案。

从计算结果来看，由于在夏季高温季节浇筑，浇筑温度高达

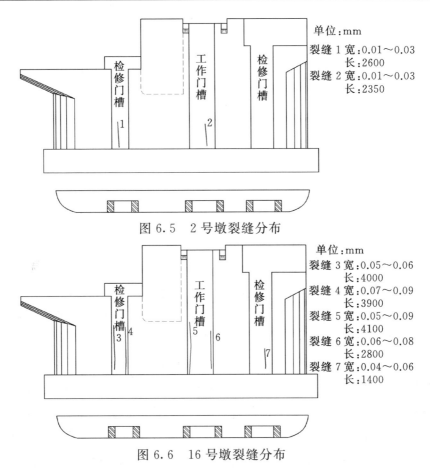

图 6.5 2号墩裂缝分布

图 6.6 16号墩裂缝分布

26℃，且采用高性能混凝土，胶凝材料水化热大，闸墩内部温度较高。各部位混凝土在 1～2d 龄期时达到最高温度，胸墙下部闸墩较厚，内部温度较高，有水管区域内部温度最高温度超过 50℃，闸墩上部无水管区域内部最高温度更是达到 68℃（图 6.7）。从另一个角度讲，由于冷却水管的存在，对混凝土的削峰降温作用显著，闸墩下部比上部最高温度低 15℃ 左右，可见采用冷却水管来降低混凝土的早期温升幅度，其效果还是比较显著的。

闸门槽处混凝土厚度较小，温度比其他部位要低，闸墩内部最高温度不超过 50℃。由于水管靠近门槽表面，所以门槽表面的混凝土温度明显低于闸墩缝面处的混凝土温度，从门槽侧向缝面侧，混凝土温度逐步升高，从而产生一定的温差。在混凝土温升阶段，由于温差的

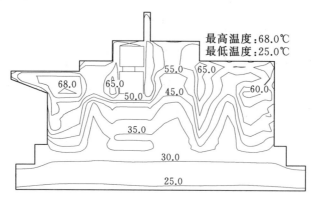

图 6.7　浇筑完 1d 时中间剖面温度等值线

存在，缝面侧混凝土承受压应力，门槽侧混凝土承受拉应力。整体来看，在表面保温和水管冷却的共同作用下，温升阶段闸墩温差很小，因温差导致早期闸墩门槽侧混凝土表面开裂的可能性不大。

在闸墩混凝土降温阶段，由于冷却水管的存在，温降速度很快，门槽处混凝土温度 3d 内由 50℃左右降至 30℃左右，降温速率约 6～7℃/d，混凝土由此产生较大的收缩变形和拉应力，再加上门槽处混凝土结构断面突然减半，应力也会倍增。从应力历时曲线看，工作门槽处典型点在 4～5d 龄期时拉应力达到最大值，最大拉应力基本都超过 2.0MPa。从图 6.8 可以看出，闸门槽处最大拉应力更是达到 2.50MPa，极易导致混凝土的开裂。因此闸墩裂缝很有可能出现在混凝土降温阶段，开裂的主要原因在于降温过程中混凝土温降过快而产生较大的收缩变形。

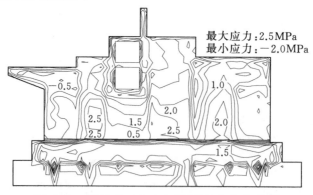

图 6.8　浇筑完 1d 时中间剖面应力等值线

计算显示，拆模时闸墩混凝土温度整体低于 30℃，拆模后混凝土温度不降反升，因此基本不存在因拆模导致混凝土表面开裂的可能。另外，在通水初期，水管管壁附近混凝土温差较大，也有可能产生启裂于管壁、而后向外扩展的裂缝。由于水管距闸门槽表面较近，裂缝有可能启裂后即扩展至表面。

总之，较大的温降收缩和底板的强约束是造成裂缝形成的直接原因，而门槽处混凝土结构断面尺寸的突然减半又使得门槽处应力陡然倍增，超过混凝土的即时抗拉强度，产生裂缝。因此，降低混凝土的最高温度和温度变形就成为后期防止裂缝产生的关键。

6.2.5 施工反馈研究

在不改变原混凝土配合比、施工进度和施工方法的情况下，为采取合理的温控防裂措施，避免后续闸墩产生裂缝，在反演所得混凝土计算参数的基础上对大闸进行了多工况的仿真计算。限于篇幅，以一典型工况来进行分析，即：水闸采取适度表面保温和内部水管降温的温控措施，冷却水管通水时间 2.5d，水温 22℃，通水流量 8.00m³/h，钢模板施工，在钢模板外贴塑料泡沫板进行保温，7d 拆模，混凝土浇筑温度 26℃。

典型点和水管布置情况见图 6.9。其中 1～4 号典型点在顺水流方向上位于闸墩中央，5～7 号典型点在门槽处；所有典型点在闸墩高度方向上距底板上表面 1.0m；闸墩厚度方向上 1 号点和 5 号点位于缝面，2 号点和 6 号点距缝面 0.87m，3 号点和 7 号点距缝面 1.00m（也是门槽外表面），4 号点位于闸墩外表面。

6.2.5.1 温度场计算结果分析

闸墩采用高性能混凝土，且在夏季高温季节施工，水泥水化反应剧烈，混凝土温度普遍较高。从温度历时曲线上可以看出典型点大约在 2d 左右达到最高温度，之后随着热量的散发温度逐渐降低最终趋于环境气温。由于钢模板外面贴保温板是属于适度保温，从图 6.10 可以看出，表面点（1 号点、4 号点、6 号点和 7 号点）温度会随日气温有所波动，但幅度较小，拆模后表面温度有所降低，波动

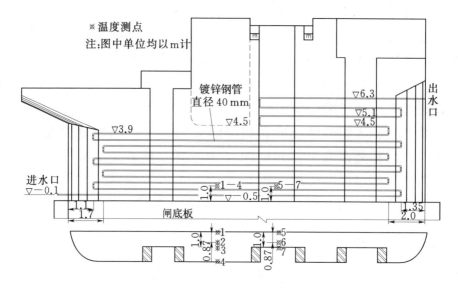

图 6.9 典型点和水管布置情况

幅度略有增大。对比图 6.7 可以看出，门槽处典型点温度明显低于厚度较大部位典型点的温度 [图 6.10 (a)]，原因是门槽处混凝土厚度较小，热量累积小于其他部位。就内外温差而言，无论是厚度较大部位还是门槽处，混凝土内部和表面的温差都在 10℃ 以下，温差较小，保温效果明显，因早期内外温差导致早期闸墩混凝土表面开裂的可能性不大。

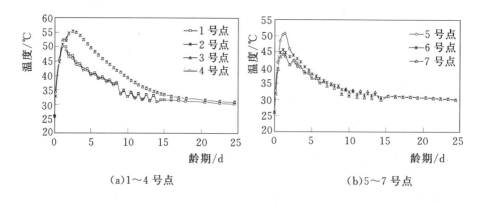

图 6.10 1～7 号典型点温度历时曲线

分析图 6.11 温度等值线可以看出，闸墩混凝土温度的空间分布规律明显，体积较大部位和无水管区温度分布高，最高温度达 68℃，和实测最高温度 67℃相差不大；布置水管部位混凝土温度相对较低，冷却水管削峰降温效果明显。图 6.11（b）同时显示，3 个门槽处的温度要比同一高程的其他部位的温度平均低将近 10℃，究其原因，主要是门槽处厚度较小，热量容易散发，其他部位相对较厚，热量累积较多。

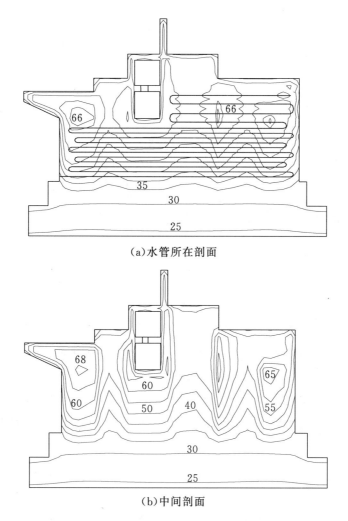

（a）水管所在剖面

（b）中间剖面

图 6.11　闸墩浇筑完 2d 后特征剖面温度等值线分布（单位：℃）

6.2.5.2　应力场计算结果分析

从图 6.12 可以看出，初期内部温度高，表面温度低，结构内外变形不一致，产生相互约束，内部为压应力，表面为拉应力；后期，内部温降幅度较大，表面温降幅度相对较小，内部为拉应力，表面为压应力。应力历时曲线同时表明，施工期因内外温差产生的应力较小，混凝土较大应力发生在温降阶段，即温降速率最快阶段。产生较大拉应力的部位是门槽表面，为 2.1MPa，接近混凝土抗拉强度，存在开裂可能性。相应于结构表面受昼夜温差的影响而出现的温度波动，应力也有波动，但波动幅度不大，适度保温效果明显。后期，无论是结构表面还是内部，应力都很小，大约在 $-0.3\sim$ 0.2MPa，开裂的可能性微乎其微。

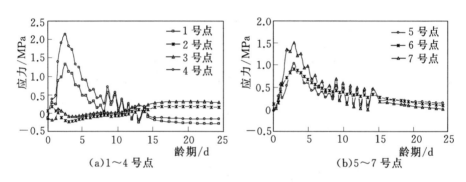

图 6.12　1~7 号典型点应力历时曲线

从应力剖面图来看，应力的空间分布也比较明显，较大应力发生在 3 个门槽的下部 [图 6.13 （b）]，这与闸墩施工期容易产生裂缝的部位和裂缝机理相吻合。同时，由于水管周围混凝土温度梯度较大，应力梯度也较大，为防止裂缝启裂于管壁，应避免冷却水水温过低，因通水水温升高而导致的导热效果的降低可通过加大流量来补偿。

6.2.6　施工防裂方法

经过多参数、多方案的反馈计算分析和比较，该大闸拟定如下施工防裂方案：

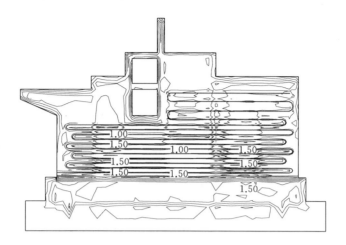

（a）水管所在剖面

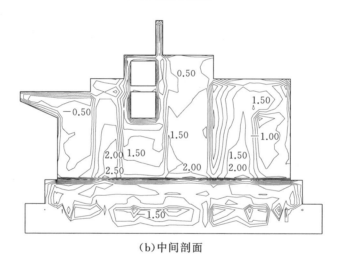

（b）中间剖面

图 6.13 闸墩浇筑完 2d 后特征剖面应力等值线分布（单位：℃）

（1）混凝土浇筑温度尽可能低，不能超过最高温度 26℃。

（2）混凝土浇筑时，在闸墩钢模板外贴 1cm 后塑料保温板，进行闸墩表面的保温，拆模时间 7 天（按高程 4.0m 处的混凝土龄期来计算）。

（3）水管布置和原来布置型式基本相同，不同的是，由于闸墩混凝土浇筑需两天多的时间，且浇筑时即开始通水，为减小闸墩上部和下部通水持续时间的差异，采用两根冷却水管，1.5m 高程及以下为一根，上部用一根，仍为铁质水管，内径 40mm。

（4）水管通水冷却方法采用边浇混凝土边通水冷却，冷却水温 22℃，流量 8.0m³/s，通水持续时间 2.5d。

（5）闸墩高性能混凝土中掺入防裂纤维，其抗拉强度和极限拉伸值远大于普通混凝土，对结构的防裂有利，尤其是门槽处更应给予重视。

6.2.7　结论

从现场反馈信息来看，该方案的应用是成功的，有效地防止了后续工程的裂缝产生，实现了很好的温控防裂效果。此外，由于是钢模板外面贴保温板，混凝土表面施工质量也得到明显改善，为后续闸墩的施工提供了科学依据。

另外，该方法具有很好的借鉴意义，研究成果可以在以后建设的泵站、水闸、渡槽、地涵、船闸、隧道、厂房、倒虹吸、翼墙、桥梁和大坝等混凝土结构中进行推广应用。但是因现场影响混凝土温度和应力的因素很多很复杂，建议对一些大规模的、重要的、条件复杂的工程，应在防裂方法设计阶段或施工前和施工过程中进行类似的科学研究，获取适时合理的、具有针对性的防裂方法，预计会同样获得成功的工程应用效果。

6.3　渡槽

6.3.1　工程概况

某渡槽是南水北调中线总干渠上的一座大型交叉建筑物，是国内南水北调的一个大型输水渡槽。渡槽段工程，在中线一期全线通水后担负向北京、天津和河北省部分地区输水的基本任务，年供水能力 4 亿 m³，是 300km 长的京石段应急工程的重中之重。

工程所在区域属暖温带大陆性季风气候区，四季分明。1 月平均最低气温 −9.8℃，6 月平均最高气温 31.4℃。历年平均日照时数

2711h，多年平均风速 2.2m/s，最大风速 18m/s，风向为 NW。平均无霜冻期 191d，最大冻土深度 66cm，多年平均水面蒸发量 1928mm，流域多年平均降水量为 545mm。

渡槽建筑物全长 2300m，建筑物级别 1 级，地震设计烈度 Ⅵ度，设计流量 125m³/s、加大流量 150m³/s。渡槽槽身段分为 20m 跨段和 30m 跨段两部分，槽身为三槽一联结构，横向宽度为 22m，单槽断面尺寸为 6m×5.4m；槽身底板厚 0.5m、边墙厚 0.6m、中墙厚 0.7m，上部设人行道板和拉杆，边墙外侧竖向设侧肋，底板下横向设底肋，纵向设 4 根纵梁；槽身在纵向、横向以及边墙的竖向三个方向分别设置了预应力钢绞线，槽身混凝土等级为 C50W6F200。

该渡槽工程也是我国当时施工难度最大的大型输水渡槽工程，渡槽单跨长度达 30m，整整是极限长度的 3 倍，因此工程建设中最大的难题就是高性能混凝土裂缝防止问题。

6.3.2 计算模型

该渡槽采用矩形三槽互联、上口带拉杆、底板加横梁、侧墙加肋的三向预应力混凝土结构，简支支撑于重力墩上。槽身分两层浇筑，第一层浇筑纵梁、底肋及底板至墙体底"八"字以上垂直段 25cm 处，高度 325cm；第二层浇筑上部结构，包括墙体、走道板及安装预制拉杆梁，高度 465cm；第一层和第二层浇筑间歇 15～20d 左右。

根据工程结构的对称性，建模时取一半结构参与计算，计算时坐标原点选在结构对称面重力墩表面。由于混凝土表面受环境影响显著，温度梯度较大，结构表面单元划分相对密些；布置冷却水管时，为反映水管周围的温度梯度，对水管周围的网格进行加密。水管采取在跨端设置为参差不齐的形式，这样可以避免在跨端部形成较大范围的高温区，有利于温控防裂，有无水管有限单元法仿真计算网格为图 6.14 和图 6.15，节点数和单元数分别为：59583 和 50318，33357 和 26186。

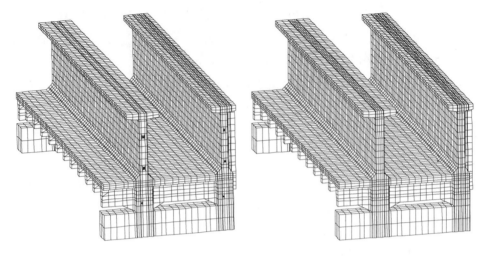

图 6.14 带水管计算网格   图 6.15 无水管计算网格

在温度场仿真计算时，假定计算域重力墩基础底面及四周、计算域对称面均为绝热边界，其他面为热量交换边界；在应力场计算时，假定计算域重力墩基底面为铰支座，四周为连杆支撑，计算域对称面也为连杆支撑。同时考虑到施工过程中，漕身混凝土底面采用碗扣式（扣件架）落地满堂支撑，因此，渡槽混凝土结构底面采用连杆支撑。

仿真计算采用基于水化度的混凝土温度与应力计算理论与模型，考虑水化反应本身对混凝土绝热温升、导热系数、弹性模量、自生体积变形的影响。计算过程中考虑的荷载除了包括混凝土结构的温度荷载外，还有混凝土自重、体积变形和徐变变形引起的荷载等。在整个计算过程中，对混凝土的施工过程、养护方式、环境条件、拆模时间等均进行模拟，以提高仿真计算的可靠度。

6.3.3 计算参数

6.3.3.1 热学参数

混凝土导温系数 a、导热系数 λ、比热 c、热膨胀系数 α 可通过计算取得[10]。本工程施工用混凝土各材料配合比和特性参数见表 6.5。

表 6.5　　　　　混凝土各材料配合比和特性参数

参数	单位	水	水泥	粉煤灰	外加剂	砂	石子	总计
重量	kg	145	387	97	5.31	717	1002	2353.31
百分比	%	6.16	16.44	4.12	0.23	30.47	42.58	100
导热系数 λ	kJ/(m・h・℃)	2.160	4.593	4.593	4.593	11.099	10.467	8.924
比热 c	kJ/(kg・℃)	4.187	0.536	0.536	0.536	0.745	0.708	0.875
热胀系数 α	10^{-5} m/℃	1.85（水泥浆）				0.86		1.03

取修正系数为 1.05，用按重量百分比加权方法，得到混凝土的热学性能：

$$\lambda = 1.05 \times (6.16 \times 2.160 + 20.89 \times 4.593 + 30.47 \times 11.099$$
$$+ 42.58 \times 10.467)/100 = 9.378 [kJ/(m \cdot h \cdot ℃)]$$

$$c = 1.05 \times (6.16 \times 4.187 + 20.89 \times 0.536 + 30.47 \times 0.745$$
$$+ 42.58 \times 0.708)/100 = 0.943 [kJ/(kg \cdot ℃)]$$

$$\rho = 2353.31 kg/m^3$$

$$a = \frac{\lambda}{c\rho} = \frac{9.378}{0.943 \times 2353.31} = 0.0042259 (m^2/h)$$

通过现场热学参数试验，并参考 4.3 和 4.4 节反演分析结果，可得混凝土的相关计算参数和不同保温措施时混凝土表面热交换系数，见表 6.6 和表 6.7。

表 6.6　　　　　渡槽施工用混凝土相关计算参数

名称	单位	渡槽
导温系数	m^2/h	$0.0042(1.33 - 0.33\alpha)$
导热系数	kJ/(m・h・℃)	$9.378(1.33 - 0.33\alpha)$
比热	kJ/(kg・℃)	0.943
线胀系数	10^{-6}/℃	$25 - 15 \dfrac{t_e^{2.612}}{0.202 + t_e^{2.612}}$
容重	kN/m^3	23.53
绝热温升	℃	$50.06(1 - e^{-0.251t^{1.98}})$

表 6.7　　　　　表面热交换系数　　　单位：kJ/(m^2・h・℃)

钢模板（无风）	钢模板（有风）	钢模板+1.5cm厚泡沫保温板（无风）	钢模板+1.5cm厚泡沫保温板（有风）	6cm厚草袋	10cm厚草袋	土工膜
30.33	51.54	18.19	24.7	7.20	4.57	14.58

6.3.3.2　力学参数

混凝土的力学参数见表 6.8。由表可见，混凝土 28d 龄期的平均抗拉强度为 4.29MPa，混凝土抗拉强度的拟合关系式为：$R = 4.5[1 - e^{(-0.586\tau^{0.576})}]$（MPa），混凝土各龄期的抗拉强度见表 6.9。

表 6.8　　　　　　　　　　混 凝 土 的 力 学 参 数

编号	轴拉强度 /MPa		极限拉伸值 （×10^{-6}）		抗压弹模/GPa		干缩率 （×10^{-5}）			
	7d	28d	7d	28d	7d	28d	3d	7d	14d	28d
CHF-1	4.02	4.56	111	114	32.4	40.8	−39	−77	−116	−155
CHF-2	3.24	4.34	95	122	37	36.4	−58	−96	−154	−212
CHF-3	3.54	3.97	101	110	37.4	39.5	−77	−96	−135	−193

表 6.9　　　　　　　　　　混 凝 土 的 抗 拉 强 度

混凝土龄期/d	1	2	3	5	7	10	14	28
抗拉强度/MPa	1.99	2.62	3.01	3.48	3.75	4.01	4.19	4.42

混凝土弹模的拟合值为：$E = 43.1(1 - e^{-0.588\tau^{0.552}})$（GPa）

混凝土自生体积变形为：$\varepsilon^V = 186.66(1 - e^{-0.02\tau^{1.04}})$

混凝土泊松比 μ：0.167。

徐变度：
$$C(t, \tau) = 6.12(1 + 9.20\tau^{-0.45})[1 - e^{-0.30(t-\tau)}]$$
$$+ 13.83(1 + 1.70\tau^{-0.45})[1 - e^{-0.005(t-\tau)}]$$

6.3.3.3　气温资料

当地多年月平均气温见表 6.10。

表 6.10　　　　　　　　　当地多年月平均气温

月份	1	2	3	4	5	6	7	8	9	10	11	12
气温/℃	−4.4	−1.7	5.8	14.3	20.6	25.1	26.3	24.8	19.9	13.3	4.7	−2.3
拟合/℃	−3.1	−0.7	5.2	13.0	20.6	25.9	27.5	25.1	19.2	11.4	3.8	−1.5

多年月平均气温拟合公式：

$$T_a(t) = 12.2 + 15.35\cos\left[\frac{\pi}{6}(t - 6.4)\right]$$

式中：t 为月份。

气温拟合曲线见图 6.16。

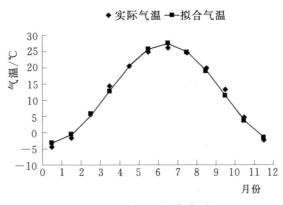

图 6.16　气温拟合曲线

平均日气温：

$$T_d(\tau) = T_a(t) + 7.5 \times \cos\left[\frac{\pi}{12}(\tau - 14)\right]$$

式中：τ 为每天中的时刻，h。

6.3.4　裂缝成因分析

2006 年 9 月，渡槽第 2、第 3、第 4、第 12 跨段施工完成后，经过对槽身混凝土的裂缝进行详细检查，发现在槽身不同的部位存在裂缝，尤其是第 3 跨，裂缝最多。形成裂缝最多的部位是次梁，其次是墙和主梁，从裂缝外观看，裂缝为稍有规则的斜纹状。墙体裂缝主要分布在跨中，距间歇面 10～15cm，向高度方向发展，形成"上不着顶、下不着底"的裂缝分布；主梁和次梁裂缝分布也主要是在跨中，沿高度方向发展。裂缝最长为 2.0m，最短长度为 0.2m；最小宽度为 0.05mm，大部分裂缝为 0.05～0.20mm；有 1 条裂缝宽度最大为 0.25mm，长度约为 0.6m。某跨的典型裂缝分布见图 6.17～图 6.19。

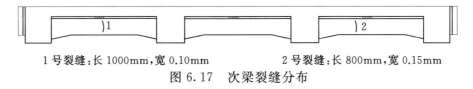

1 号裂缝：长 1000mm，宽 0.10mm　　　　　　2 号裂缝：长 800mm，宽 0.15mm

图 6.17　次梁裂缝分布

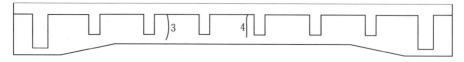

3 号裂缝：长 1100mm，宽 0.10mm　　　　4 号裂缝：长 1000mm，宽 0.05mm

图 6.18　主梁裂缝分布

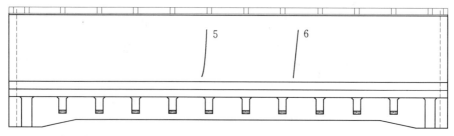

5 号裂缝：长 3550mm，宽 0.06mm　　　　6 号裂缝：长 3450mm，宽 0.12mm

图 6.19　边墙裂缝分布

　　初步分析认为，结构由底板、墙体、主梁、次梁和肋组成，形式复杂单薄、棱角多，且属超薄结构，相互约束明显，体积变形很容易产生裂缝。为此，利用反分析获得的计算参数，充分考虑混凝土结构构造、材料、施工、气温等各方面影响因素，对产生裂缝的某跨段混凝土的实际施工过程进行模拟分析，找出裂缝成因，并在不改变原有设计、施工方法和混凝土配合比的情况下，进行施工反馈分析研究，提出下一步的温控防裂方法。

　　裂缝成因分析以跨中剖面的典型部位特征点的温度和应力为对象，分析其温度和应力的时空变化规律。典型点布置示意见图 6.20。

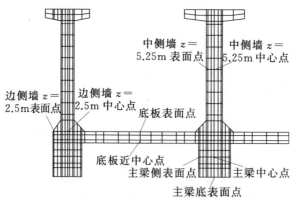

图 6.20　典型点布置示意

6.3.4.1　主梁温度和应力计算结果分析

由图6.21可知，主梁混凝土浇筑后，由于水泥水化热的作用，主梁温度急剧上升，主梁中心点于3d左右达到峰值50.18℃；由于浇筑时采用钢模板且没有什么保温措施，主梁临空面相当于直接与空气接触，同时3月气温又比较低，放热较快，因此主梁表面点的最高温度较低，以底部表面点为例只有25.53℃，且达到最高温度的时间也缩短，约在混凝土浇筑后2.5d。主梁各部位温度达到峰值后，由于混凝土表面的散热，混凝土温度下降很快，以中心点为例，达到温度峰值后10d下降了38.96℃，平均每天下降3.90℃。

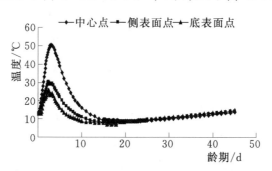

图6.21　主梁特征点温度历时曲线

主梁特征部位混凝土最大内外温差约为26.96℃，即为混凝土中心点与外侧混凝土表面之间的温度差。

由图6.22可知，主梁中心点早期一般表现为压应力，当该点温度达到最大值时，相应的压应力值也最大，当混凝土温度下降后，

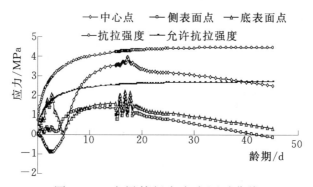

图6.22　主梁特征点应力历时曲线

压应力逐渐减小。由于混凝土的弹性模量随龄期的增长而逐渐增大，混凝土内部的约束也随着混凝土龄期的增长而增大，而且主梁顺水流方向长达 30m，主梁混凝土的自身约束也较大，因此后期在混凝土内产生了较大的拉应力，最大值为 3.96MPa，此时混凝土的龄期约为 17.5d，超过当时混凝土的允许抗拉强度（约 2.60MPa），但是小于当时混凝土的抗拉强度（约 4.28MPa）。因此，主梁内部后期有可能率先产生裂缝。

主梁底部表面早期混凝土在自生体积变形和内外温差的共同作用下，拉应力值相对较大，在龄期为 2.75d 时达到峰值 2.04MPa，比当时的允许抗拉强度（约 1.77 MPa）大，可能会产生裂缝，要引起注意。早期混凝土内部温度高，外部温度低，主梁底部模板为钢模板，表面热交换系数大，散热快，从而形成较大的内外温差，再加上混凝土的自生体积变形，使表面及近表面区域早期混凝土产生拉应力，而且早期混凝土抗拉强度小，故主梁表面有可能出现早期表面裂缝，尤其在主梁总长度的中间部位。因此，应注意早期混凝土的保温，必须采取适当的保温措施。

6.3.4.2　底板温度和应力计算结果分析

底板比较薄，板厚只有 0.50m。因此其最高温度也较低，只有 29.23℃，此时混凝土的龄期为 2.375d，底板特征点温度历时曲线见图 6.23。底板混凝土达到最高温度后，温度下降很快，前 5d 下降 21.94℃，平均每天下降 4.39℃；再往后就基本上已达到了准稳定温度值，随着外界气温的变化而周期性的变化。

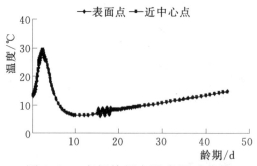

图 6.23　底板特征点温度历时曲线

在底板混凝土结构中,最高温度位于板体的中心部位,由于底板较薄,加上散热面较大,因此底板内外温差很小,最大内外温差也只有1.19℃(图6.23)。

底板虽然内外温差不大,但由于考虑了混凝土的自生体积变形,且底板受自身约束和主梁的约束比较大,因此,底板中仍然有一定大小的拉应力,最大值为1.52MPa,位于底板的表面,出现在混凝土龄期约为2.75d时,小于当时的允许抗拉强度。由图6.24可知,底板内部早期也出现拉应力,但远小于当时混凝土的允许抗拉强度,一般不会出现裂缝。

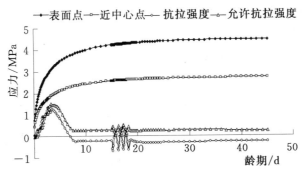

图6.24 底板特征点应力历时曲线

6.3.4.3 边侧墙 $z = 2.5$m 处温度和应力计算结果分析

边侧墙 $z = 2.5$m 位于渡槽侧墙底部"八"字处,比主梁薄些。因此其中心点最高温度也相对低些,为45.15℃,此时混凝土的龄期为3d,见图6.25。温度达到峰值后,由于混凝土表面的散热,混凝

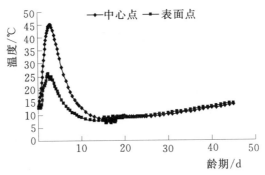

图6.25 边侧墙 $z = 2.5$m 特征点温度历时曲线

土温度下降很快，以中心点为例，达到温度峰值后 10d 下降了 35.85℃，平均每天下降 3.59℃。再往后就基本上已达到了准稳定温度值，随着外界气温的变化而周期性的变化。

3 月外界温度比较低，该处表面混凝土的最高温度只有 26.17℃；内外温差比较大，在第 3d 时达到最大，为 21.33℃，低于主梁部位的内外温差。

由图 6.26 可知，中侧墙 $z=2.5m$ 部位表面点早期拉应力相对较大，在混凝土龄期为 2.75d 时达到一个峰值 2.27MPa，超过了当时混凝土的允许抗拉强度（1.76MPa），易出现裂缝。该部位受底板的约束大，再加上混凝土的自生体积变形，使早期混凝土产生收缩应力，加上早期混凝土抗拉强度小，故渡槽侧墙底"八"字形处可能出现早期表面裂缝，同时该部位结构型式又较为复杂，一旦裂缝出现后，很可能形成贯穿性裂缝。因此，应注意早期混凝土的保温，采取适当的保温措施，或者在该部位采取某些接触结构约束或减小混凝土收缩应力的防裂措施。

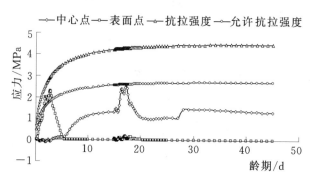

图 6.26　边侧墙 $z=2.5m$ 特征点应力历时曲线

由于后期温降比较大，加上后期自身约束的加强和底板的约束，该部位混凝土内部产生较大的拉应力，混凝土的龄期约为 17.25d 达到最大，为 2.58MPa，略低于当时混凝土的允许抗拉强度（约 2.60MPa）。因此，该处内部后期一般不会产生裂缝。但是该部位是渡槽结构的渐变段，且与底板也在该处衔接，结构比较复杂，同时考虑到允许抗拉强度的富裕度不大，所以，我们应该控制混凝土后期的降温幅度或者控制混凝土的浇筑温度降低温升峰值，来确保该处混凝土不出现裂缝。

6.3.4.4 中侧墙 $z=5.25$m 处温度和应力计算结果分析

中侧墙 $z=5.25$m 位于侧墙中部，其厚度为 70cm。因此其中心点最高温度也相对低些，为 38.29℃，此时混凝土的龄期为 2.5d，见图 6.27。温度达到峰值后，由于混凝土表面的散热，混凝土温度下降很快，以中心点为例，达到温度峰值后 5d 下降了 25.28℃，平均每天下降 5.56℃。再往后就基本上已达到了准稳定温度值，随着外界气温的变化而周期性的变化。

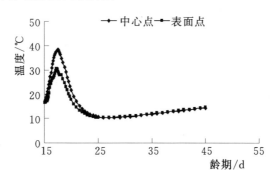

图 6.27　中侧墙 $z=5.25$m 特征点温度历时曲线

该处混凝土在 3 月后期浇筑的，外界气温相对有所上升，表面混凝土的最高温度为 30.67℃；内外温差相对比较小，在龄期 2.75d 时达到最大，为 9.28℃。

由图 6.28 可知，侧墙中心点早期一般表现为压应力，当该点温

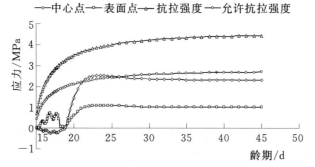

图 6.28　中侧墙 $z=5.25$m 特征点应力历时曲线

度达到最大值时，相应的压应力值也最大，当混凝土温度下降后，压应力逐渐减小。由于混凝土后期温降幅度比较大，前 5d，达到每天 5.56℃，加上混凝土内部的约束也随着混凝土龄期的增长而增大，而且侧墙顺水流方向长达 30m，而厚度方向只有 0.7m，侧墙混凝土的自身约束较大，因此后期在混凝土内产生了较大的拉应力，最大值为 2.52MPa，此时混凝土的龄期约为 8.5d，超过当时混凝土的允许抗拉强度（约 2.36MPa），但是小于当时混凝土的抗拉强度（约 3.90MPa）。因此，侧墙内部后期有可能率先产生裂缝。

混凝土表面在自生体积变形和内外温差的共同作用下，产生拉应力，在龄期为 2.75d 时达到峰值 0.86MPa，比当时的允许抗拉强度（约 1.77MPa）小很多，所以早期混凝土表面一般不会出现裂缝。

6.3.4.5　次梁温度和应力计算结果分析

次梁比较薄，梁厚只有 0.50m。因此其最高温度也较低，只有 27.99℃，此时混凝土的龄期为 2.375d，见图 6.29。底板混凝土达到最高温度后，温度下降很快，前 5d 下降 20.88℃，平均每天下降 4.98℃；再往后就基本上已达到了准稳定温度值，随着外界气温的变化而周期性的变化。

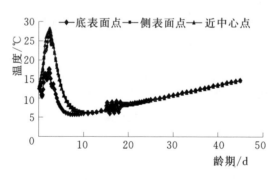

图 6.29　次梁特征点温度历时曲线

在次梁混凝土结构中，最高温度位于次梁的中心部位。同时由于上部底板的传热作用，靠近底板附近的混凝土温度也相对较高，如图 6.29 中侧表面点；而次梁底部，散热较快，温度较低，最高温度只有 17.50℃，因此，次梁内外温差也比较大，最大内外温差达到 12.89℃。

由图 6.30 可知，次梁部位表面点早期拉应力相对较大，在混凝土龄期为 2.5d 时达到一个峰值 4.10MPa，超过了当时混凝土的允许抗拉强度（1.75MPa），易出现裂缝。该部位受底板的约束大，再加上混凝土的自生体积变形，使早期混凝土产生收缩应力，而且早期混凝土抗拉强度小，故次梁可能出现早期表面裂缝。虽然该处结构比较简单，不易出现贯穿性裂缝，但是，还是应注意早期混凝土的保温，采取适当的保温措施。后期虽有一定的拉应力，但是均未超过当时的抗拉允许强度，所以，次梁部位混凝土一般不会在后期出现裂缝。

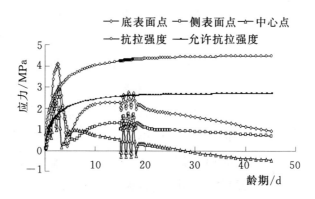

图 6.30　次梁特征点应力历时曲线

综上所述，早期的内外温差和温降收缩是造成裂缝形成的直接原因，而渡槽结构复杂、形式单薄，且属多次超静定结构，各部位的变形又不一致，它们之间的相互强约束又加剧了裂缝的产生。另外，环境温度高，气候干燥，干缩也容易发生。因此，要防止裂缝的产生需要降低混凝土的最高温度和温度变形，协调渡槽各部位之间的变形，使它们的体积变形达到"和谐"变形，防止裂缝产生。

6.3.5　温控参数敏感性分析

混凝土结构施工前，为了筛选适时合理的温控防裂措施，针对不同的预设措施都要进行多参数、多工况的仿真计算分析，重大工程多达几百个工况的计算，不仅耗时耗力，而且严重影响了分析的重点和精度。针对这一问题，提出施工前进行温控参数的敏感性分析，确定不同温控参数的影响程度和特征，从而确定不同阶段不同部位影响温度应力的主要影响因素，避免对次要影响因素的过多计算，在此基础上根据工程的实际情况，准确地、有针对性地制定相应的温控措施，指导现场施工。研究表明，施工期的表面保温厚度、内部冷却水管的水温以及混凝土的浇筑温度是影响混凝土温度场应力场的主要因素，尤其对混凝土薄壁结构影响更是明显，因此温控参数的敏感性分析主要针对这些因素来进行。

6.3.5.1　保温板厚度的敏感性分析

施工期混凝土表面保温的主要目的是减小早期的内外温差，内外温差随着保温板厚度的增加而减小。从表6.11可以看出，没有表面保温时的内外温差为16.14℃，1.00cm厚时内外温差11.20℃，改用2.00cm厚的保温板后主梁内外温差变为8.36℃，温差的减小并不是线性变化，从0.00cm变为1.00cm时内外温差减小4.94℃，由1.00cm变为2.00cm时内外温差减小仅2.84℃。相应于内外温差的减小，早期表面拉应力也相应减小，表面由无保温时的1.57MPa减小为1.00cm时的1.27MPa，再减小为2.00cm时1.07 MPa。表面保温厚度的增加使早期防裂效果明显，但却使后期混凝土防裂压力增大，没有采取表面保温时后期内部为0.68MPa，1.00cm时内部为0.73 MPa，采用2.00cm保温板后内部变为0.77MPa。总之，随着保温力度的加大，早期应力得到明显改善，后期防裂压力加大。研究结果表明，影响程度以结构越单薄越明显。

表6.11　　　　　　　　保温板厚度敏感性分析

保温板厚度/cm	最高温度/℃		内外温差/℃	早期应力/MPa		后期应力/MPa	
	表面	内部		表面	内部	表面	内部
0.00	22.94	39.08	16.14	1.57	−0.26	−0.81	0.68
0.50	27.32	40.69	13.37	1.41	−0.20	−0.55	0.70
1.00	30.65	41.85	11.20	1.27	−0.15	−0.36	0.73
2.00	35.20	43.56	8.36	1.07	−0.08	−0.10	0.77

6.3.5.2 冷却水温的敏感性分析

混凝土内部冷却水管的主要目的是通过水管当中的冷却水把混凝土水化热量带走。水温越低，冷却效果越好，但是费用也就越大，且对管壁混凝土防裂不利；水管水温越高，混凝土温度越高，内外温差越大，降温效果越不明显。

从表 6.12 可以看出，水管水温 10.00℃ 时混凝土表面最高温度 30.56℃、内部最高温度 41.06℃、内外温差 10.50℃，水温为 20.00℃ 时表面最高温度 30.87℃、内部最高温度 43.52℃、内外温差 12.65℃，水管水温每升高 4.00℃，表面温度升高 0.12℃、内部升高 1.04℃、内外温差平均 0.72℃ 左右。应力方面，水温 10.00℃ 时早期表面 1.24MPa、后期内部 0.62MPa，水温 20.00℃ 时早期表面 1.32MPa、后期内部 0.99 MPa，水温每升高 4℃，早期表面应力增大 0.03MPa，后期内部拉应力增大 0.14MPa。

表 6.12　　　　　　　冷却水温敏感性分析

水管水温 /℃	最高温度/℃		内外温差 /℃	早期应力/MPa		后期应力/MPa	
	表面	内部		表面	内部	表面	内部
10.00	30.56	41.06	10.50	1.24	−0.14	−0.38	0.62
14.00	30.68	42.10	11.42	1.27	−0.15	−0.36	0.76
16.00	30.75	42.61	11.86	1.29	−0.15	−0.34	0.84
20.00	30.87	43.52	12.65	1.32	−0.16	−0.31	0.99

因此，随着通水水温的升高，内外温差变大，早期和后期混凝土拉应力都变大，水温太高不利于混凝土的温控防裂。另外，敏感性分析表明，水温对上部墙体的影响程度大于对下部主梁的影响程度。

6.3.5.3 浇筑温度的敏感性分析

从表 6.13 可以看出，随着浇筑温度的升高混凝土表面和内部温度都相应升高，内外温差变大。浇筑温度 10℃ 时内部最高温度 39.91℃，表面 29.43℃，内外温差 10.48℃，浇筑温度 26℃ 时内部最高温度 46.58℃，表面 33.52℃，内外温差 13.06℃。浇筑温度每升高 4℃，表面升高 1℃ 左右、内部升高 1.7℃ 左右，且浇筑温度越高内部增幅越大，致使随着浇筑温度的上升，内外温差逐渐增大。

随着浇筑温度的升高，早期表面拉应力逐渐增大，由于断面的自平衡体系，内部压应力也相应增大。浇筑温度 10℃ 时产生的表面拉应力为 1.09 MPa，浇筑温度 26℃ 时表面拉应力为 1.26MPa，浇筑温度每升高 4℃，表面拉应力增大 0.04 MPa。浇筑温度越高，后期内部拉应力也越大，浇筑温度每升高 4℃，后期内部拉应力增长 0.13 MPa，内部拉应力的增长幅度远大于表面应力的增长幅度，见表 6.13。

表 6.13　　　　　　　　浇筑温度敏感性分析

浇筑温度 /℃	最高温度/℃		内外温差 /℃	早期应力/MPa		后期应力/MPa	
	表面	内部		表面	内部	表面	内部
10.00	29.43	39.91	10.48	1.09	−0.14	−0.35	0.57
14.00	30.42	41.48	11.06	1.14	−0.14	−0.36	0.70
18.00	31.42	43.13	11.71	1.18	−0.15	−0.36	0.83
22.00	32.41	44.86	12.45	1.22	−0.15	−0.37	0.95
26.00	33.52	46.58	13.06	1.26	−0.15	−0.37	1.08

因此，随着浇筑温度，在保温措施适当的条件下，早期防裂任务减小，但是后期防裂任务加大，且浇筑温度对后期的影响程度远大于对早期的影响程度，建议施工时降低混凝土浇筑温度。

综上所述，通过敏感性分析，对温控参数的影响程度和特征有了初步的认识，为制定反馈工况打下了坚实基础，当然，敏感性分析还应包括水管直径、管距和间距，冷却水流量、冷却时间等。

6.3.6　施工反馈研究

为采取合理的温控防裂措施，避免后续跨段产生裂缝，在反演所得混凝土计算参数和温控参数敏感性分析的基础上，对后续跨段进行了多工况的仿真计算。限于篇幅，以某一时期施工跨段的两个工况进行分析，水管和槽身特征点布置见图 6.31，冷却水管网格见

图 6.32，带水管计算网格见图 6.14。

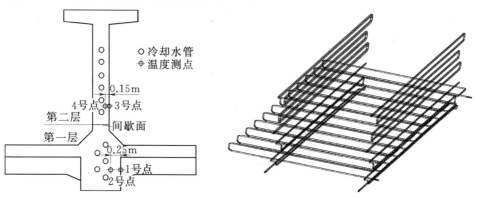

图 6.31 水管和槽身特征点布置　　　图 6.32 冷却水管网格

工况 1：主梁、次梁和上部墙体采用变流量、变水温方式通水，流速为 1.20～0.2m/s，流量为 5.43～0.91m³/h，水温 11～20℃范围内，通水在 6d 以内，各部位具体的通水情况需根据监控测点随时予以调整，保持结构变形的协调性；主梁、次梁、底板和上层墙体高度 3.30m 以下的混凝土浇筑时，在钢模板外贴 1.0cm 厚塑料保温板进行表面的保温，每层施工时的前 3d 考虑 15℃的昼夜温差，拆模时间 8d；混凝土浇筑温度可以控制在比当时气温高 3℃左右的范围之内；施工间歇时间为 15d。

工况 2：下部结构遭遇寒潮袭击。第一层混凝土浇筑 8d 后遭遇为期 5d、一天内降温 10℃的 U 形寒潮冷击；其他同工况 1。

6.3.6.1 工况 1 计算结果分析

在现场实测温度反馈分析的基础上，对 4 月份的水管布置、通水方式和测点布置进行相应调整，以期达到控制温升幅度、减小温降速率的目的。

从主梁 1 号、2 号特征点历时曲线来看，混凝土温度在浇筑完 2.5d 左右达到极值，其中表面最高温度为 46.6℃，内部为 51.4℃，内外温差 4.8℃（图 6.33）。主梁的高温区域出现主梁端部中间无水管区，达到 60℃。两层水管中间部位混凝土的最高温度在 51℃左右。次梁表面和内部混凝土 2.5d 时达到最高温度（约 40℃），且出现表面温度略高于内部温度的现象，这主要是外界环境温度较高所致。浇筑完的前3d内，考虑昼夜温差影响，混凝土表面温度会有波动现象，但波动幅度不大（图6.33）。

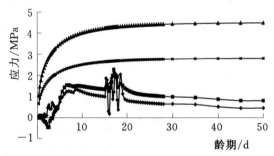

图6.33 工况1：1号、2号特征点温度历时曲线

后期降温阶段，由于降温阶段水温升高，温降速率明显减小，第一层浇筑完大约15d左右混凝土温度和环境温度趋于一致。

从图6.34可以看出，随着环境温度的升高以及表面的保温，早期主梁内外温差不大，表面拉应力较小（略小于0.5MPa），小于混凝土的即时允许抗拉强度，早期混凝土开裂的可能性相对较小。通水冷却6.5d左右，主梁应力达到最大值，约1.5MPa，但远小于混凝土抗拉强度。在龄期达到15d时，主梁内部拉应力达到另一个峰值，这是由于受到上部墙体混凝土升温膨胀和昼夜温差所致，但是此时混凝土抗拉强度已经很高，开裂的可能不大。

图6.34 工况1：1号、2号特征点应力历时曲线

从图 6.35 和图 6.36 可以看出,在表面保温和内部水管降温的协调作用下,上部墙体无论是早期还是后期应力都很小,最大应力是在墙体底部,出现在温度降到最低时刻,混凝土开裂的可能性较小,该措施可以满足此阶段混凝土温控防裂的要求。

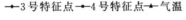

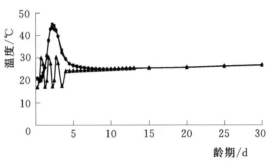

图 6.35 工况 1:3 号、4 号特征点温度历时曲线

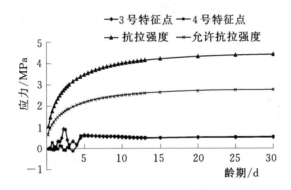

图 6.36 工况 1:3 号、4 号特征点应力历时曲线

6.3.6.2 工况 2 计算结果分析

考虑寒潮来袭,在下层主梁等结构混凝土浇筑 8d 后,1d 内气温骤降 10℃,低温历时 3d,第 5d 气温回升至降温前的水平。渡槽槽身属于混凝土薄壁结构,遭遇 10℃的寒潮降温,混凝土温度也陡然降低,但幅度小于气温,且具有滞后性(图 6.37)。温度骤降导致混凝土表面和内部拉应力突增,略超过混凝土的允许抗拉强度(图 6.38)。受环境温度降幅影响较大,表面混凝土的拉应力要大于内部。对次梁而言,由于其所处的位置和底板长宽比不同于主梁和墙

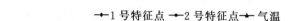

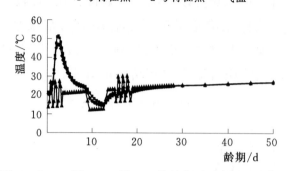

图 6.37　工况 2：1 号、2 号特征点温度历时曲线

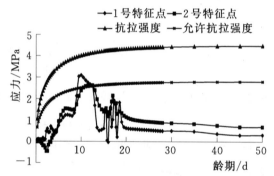

图 6.38　工况 2：1 号、2 号特征点应力历时曲线

体的原因，其应力变化明显不同于主梁和墙体里面的应力变化规律，或者说寒潮对底板影响较小。

　　因此，如果施工阶段遭遇寒潮袭击必须加强表面保温的力度，防止由于温度骤变而产生裂缝。

　　仿真计算结果显示，通过控制主梁、次梁和墙体中冷却水管的通水流量、时间等来协调它们之间的收缩变形，使它们之间的收缩趋于一致、和谐，从而能很好地减小相互约束，起到很好的温控效果。

6.3.7　施工防裂方法

　　（1）混凝土表面保温方法。在混凝土钢模板外表面肋板之间粘贴塑料保温板（各块塑料板的大小严格按肋板之间空间的大小和形状来裁剪），边墙肋板模板表面不需要粘贴保温板。在底板顶面和仓面形成后应立即覆盖一层不透气的农用塑料膜，膜上再覆盖草袋或"一膜一布"型式的土工膜，膜面朝上，起早期混凝土表面保温和保湿作用。遭遇寒潮袭击时表面加大保温力度。

（2）冷却水管型式和布置型式。选用铁质水管进行混凝土冷却，内径4.00cm，外径4.60~4.80cm，壁厚3~4mm。使用时水管外表面进行除锈处理，使水管与混凝土有牢固的长效黏结。

根据仿真计算结果的需要，每道主梁内布置一根水管，按竖向5层、层距0.40m的形式布置，交叉布置在梁中预应力波纹管的两侧；每根次梁内布置两层水管，第1层距次梁底面0.40m，第2层距第1层水管0.55m，距离底板表面0.45m。在上层浇筑的槽身每个边墙和中隔墙中，需布置一道竖向6层分布的冷却水管，在高度方向这些墙体结构中的水管的层距均为0.50m，第一层水管距离上下浇筑层混凝土的施工界面为0.50m。

（3）水管冷却方法。仿真计算结果表明，混凝土温度峰值前，水温要低；当混凝土温度达到最高温度后，须提高水管冷却水温，适当减小流量，控制温降速度和幅度。但是在早期主要温升阶段冷却水温度也不宜过低，防止在混凝土内部产生过大的水管内外温差（水管周围混凝土的最高温度和水管水温的差值），导致水管表面混凝土出现过大拉应力，甚至出现启裂点就位于水管周围混凝土的"水管混凝土裂缝"。

（4）拆模。当结构内部温度降到接近白天环境温度时即可松模。为降低拆模所致的混凝土表面冷击力度，拆模时间应选在白天气温较高的时候，但又要防止突然暴晒，可选在下午4：00左右。在出现寒潮、昼夜温差或风速过大的时候，拆模时间应相应后延。

6.3.8 结论

根据混凝土温度场和应力场的计算理论和冷却水管的精确算法，借助三维有限单元法和遗传算法，对某渡槽施工期的混凝土温度场和应力场进行了大量的数值仿真计算分析，得出了具体的施工温控措施和防裂方法，指导后续跨段的施工。

从现场反馈信息来看，正是在这一温控防裂方法和研究思路的指导下，后续施工的渡槽泵送混凝土跨段没有发现一条裂缝，提高了工程的耐久性和安全性，为建成优质渡槽工程提供了技术保障，同时也可为今后相关工程更加经济合理的建设提供了设计与施工方面的宝贵经验；由于混凝土防裂技术的成功运用，即使是夏季高温季节也可正常进行混凝土的施工，节约了工期与投资；另外，由于是钢模板外面贴保温板，混凝土表面施工质量也得到明显改善。该方法和防裂思路对以后同类工程的施工和温控防裂研究，具有很好的借鉴意义。

南水北调中线另一渡槽也是一重大工程，它位于河南省鲁山县，其中梁式渡槽槽身采用预应力矩形槽结构型式，横向双联布置，每联 2 槽，共 4 槽，单槽净宽 7m、净高 7.8～8.0m；槽身底板厚0.4m、边墙厚 0.6m、中墙厚 0.8m；上部设人行道板和拉杆，底板下横向设底肋，纵向设 3 根纵梁；槽身在纵向、横向以及边墙的竖向三个方向分别设置了预应力钢绞线；槽身纵向为简支梁型式，跨径 45m，远远超过极限长度，槽身混凝土等级为 C50 泵送混凝土。该工程和前面渡槽具有很大的相似性，实际表明，将前面渡槽的防裂思想、方法和技术也成功运用和落实到了该渡槽上，该渡槽的温控防裂也取得了圆满成功。

6.4　本章小结

（1）依托亚洲某大型河口大闸，计算分析了闸墩混凝土施工期应力变化规律、应力变化和混凝土开裂的内在机理。在此基础上，提出了适度表面保温和内部水管冷却降温相结合的闸墩混凝土温控防裂新思路，收到了很好的防裂效果，高温季节施工的所有闸墩没有开裂，对以后同类工程的施工和混凝土温控防裂研究具有十分重要的意义。

另外，传统的模板内侧贴保温材料进行保温的方法严重影响混凝土表面的施工质量，为此，研究了既能起到保温效果又能保证结构表面施工质量的外贴法，即在钢模板外面贴塑料保温板的保温措施。现场反馈信息显示，该方法取得了良好的效果。

（2）结合全国某大型输水渡槽，分析了渡槽混凝土施工期的裂缝成因，研究了"表面保温＋内部降温"的温控防裂方法。渡槽结构复杂、型式单薄，相互约束明显，任何部位的变形都会使得结构产生裂缝。鉴于此，根据混凝土中埋设的温度特征点进行动态跟踪检测，并通过随时控制冷却水水温、流量和通水时间来控制混凝土结构不同部位的收缩变形，使结构不同部位间能达到"和谐变形"。这种动态跟踪检测、随时调整的温控方法对结构复杂、多次超静定薄壁结构而言意义非凡。

同时，采用的"混凝土热学参数反演分析＋温控参数敏感性分析→施工反馈分析"这一新的分析思路，为后续仿真计算的准确把握提供了科学依据，值得在工程中应用推广。

（3）在前面研究和工程成功应用的基础上，如能把该技术、方法和防裂思路用于指导类似工程，对工程施工进行指导，为工程建设服务，相信也必将取得圆满成功。

第7章

>>>

结 论 与 展 望

7.1 主要结论

在学习和总结他人研究成果基础上，结合自己在实际工程中的一些经验和体会，对高性能混凝土的热学和力学特性、收缩变形、混凝土热学参数的确定和施工期的仿真计算等进行了研究，并在混凝土薄壁结构的温控防裂方面取得了一些进展，以下是主要工作和结论：

（1）混凝土薄壁结构大都采用高性能混凝土，高性能混凝土的热学参数（绝热温升、导热系数、导温系数和比热等）和力学参数（弹性模量、强度和徐变等）除与龄期有关外，还与矿物掺合料、自身温度和成熟度密切相关。因此，把温度和矿物掺合料影响的热学和力学参数引入温度和应力计算模型，建立动态跟踪仿真计算模型。

（2）计算参数的准确与否对仿真计算结果的可靠性具有十分重要的影响，以往对混凝土计算参数（尤其是热学参数）和边界条件热学特性参数的确定大多根据经验公式或参考同类工程来进行，存在较大误差，直接影响计算结果。采用的新的理论与试验方法，通过各种可能保温条件下的混凝土非绝热温升试验，获得计算参数，该计算参数的确定方法较为先进，计算结果更为可靠。

（3）研究了混凝土薄壁结构裂缝形成机理，认为内外温差和温降幅度（基础温差）是产生裂缝的主要原因，而两者引起的裂缝启裂时间、启裂点和发展过程不尽相同。研究表明，温升阶段的裂缝启裂点在表面，从外向内裂，原因是内外温差过大；温降阶段的裂缝启裂点在内部，从内向外裂，原因是内部温降幅度过大；另外，冷却水温和周围混凝土温差过大时，也会导致裂缝产生，裂缝启裂于管壁周围混凝土。结合实际工程，分析了裂缝产生和发展机理，在此基础上，提出了适时合理的温控防裂措施。

（4）水管冷却的温控作用显著，因此拥有对水管冷却混凝土温度场和应力场进行精细求解的理论、方法和程序，是做好混凝土温控防裂的关键性前提。所述水管冷却温度场计算方法，能够很好地对蛇形水管中流动水的水温增量进行计算，也可以较准确地模拟混凝土水管冷却温度场随时间和空间变化的特性，值得推广应用。

另外，根据仿真计算结果和现场温度测点的跟踪检测，通过适时调整冷却水水温、流量和通水时间，使结构不同部位间尽可能地实现"和谐变形"，减小相互约束，防止裂缝产生，该方法对像输水渡槽这样的超薄结构而言意义非凡。

（5）和大体积混凝土结构相比，混凝土薄壁结构复杂、形式单薄，较大的温度变化影响是严重的，不但表面，甚至内部也会受到较大的影响，鉴于此，表面保温显得尤为重要。该亚洲大型河口大闸夏天高温季节科学而又适度的表面保温和内部降温就是最好的证明，并且取得圆满成功。

（6）对温控参数进行敏感性分析，确定不同温控参数的影响程度和特征，从而确定不同阶段影响温度应力的主要因素，避免对次要影响因素的过多计算，为后续仿真计算的准确把握提供了科学依据。

（7）采用"混凝土热学参数反演分析＋温控参数敏感性分析→施工反馈分析→温控防裂方法"这一新的分析思路对国内南水北调某大型输水渡槽进行研究分析，提出了预防裂缝产生的温控措施，并且取得了很好的防裂效果。该分析思路值得在工程界应用推广。

7.2　主要创新点

（1）根据混凝土热学参数试验，研究发现混凝土结构表面的方位不同，表面热交换系数受风速的影响规律不同，随着风速的增大，竖直表面的热交换系数增大幅度要大于水平表面的增大幅度，并提出了水平面和竖直面的热交换系数各自随风速变化的数学表达式。

（2）研究了混凝土薄壁结构裂缝形成机理，认为内外温差和温降幅度（基础温差）是产生裂缝的主要原因，而两者引起的裂缝启裂时间、启裂点和发展过程不尽相同。温升阶段的裂缝启裂于表面，从外向内裂；温降阶段的裂缝启裂于内部，从内向外裂；当冷却水温和周围混凝土温差过大时，也会导致启裂于管壁周围混凝土的裂缝产生。

（3）通过水管当中冷却水的导热降温来减小内外温差和温度峰值，是大体积混凝土结构常用的温控方法，不过把该水管冷却技术应用到混凝土薄壁结构中不失为一种在应用技术上的突破和创新；为减小内外温差和降温速率，以往实际工程都是在模板内侧贴保温材料进行保温，这种内贴法既影响混凝土表面的外观，也严重影响施工质量，为此，提出考虑既能减小内外温差又能保证表面施工质量的外贴法，即在模板外面粘贴保温材料进行保温。

（4）结合亚洲某大型河口大闸和国内某大型输水渡槽，分析裂缝成因，提出"适度表面保温＋可控内部降温"这一新的防裂措施和"混凝土热学参数反演分析＋温控参数敏感性分析→施工反馈分析→温控防裂方法"这一新的防裂思路。实践证明，该思路和方法在这两个重大工程中均取得了圆满成功，原本棘手的裂缝问题得以圆满解决。

7.3　展望

高性能混凝土薄壁结构结构复杂、形式单薄，混凝土的温控防裂研究又是一项复杂而又困难的系统工程，要彻底解决开裂这一难题，笔者认为还有以下工作要做：

（1）对高性能混凝土的收缩和开裂机理的研究工作很多，但是理论研究和试验验证方面仍显不足，如能在试验数据的基础上，从混凝土微细观的角度出发，建立微细观与宏观计算参数之间的相互联系，提出更为具体的理论和计算模型，则有望实现混凝土的收缩变形和应力场的精确仿真计算，进而准确把握混凝土的开裂机理，预测开裂时间。

（2）徐变是随时间而变化且非常复杂的混凝土力学参数，目前对它的研究较多，但是深度不够。同混凝土强度分为抗拉强度和抗压强度一样，对徐变进行更深入的研究，把徐变分为抗拉徐变和抗压徐变，充分加以研究和应用，那将会提高仿真计算应力场的计算精度，进而准确预测混凝土裂缝。

（3）目前，对混凝土温控防裂的研究主要针对未开裂混凝土结构，而对启裂后混凝土的温度和应力研究甚少。启裂后，混凝土的应力、约束，甚至温度都会发生陡然的变化，这必将引起混凝土结构的应力重分布和裂缝发展变化。研究裂缝启裂后的混凝土温度场应力场，进而模拟裂缝的发展过程具有重要的现实意义。

（4）裂缝成因目前一般从温度和应力角度进行分析，但是裂缝产生的本质是能量释放，能量释放与能量大小和均匀程度有关，能量越大、分布越不均匀，越容易产生裂缝。因此，如果能把热力学原理中的熵应用到混凝土的能量分布中，用熵来衡量混凝土中能量分布的均匀程度和评价裂缝产生的可能具有重要意义。

（5）外部环境变量对混凝土薄壁结构的影响是显著的，如气温、水温、风速等，而工程实际中这些变量都具有随机性，因此，把随机的概念引入到混凝土温度场和应力场的仿真计算模型将更贴近实际。

（6）随着计算精度要求的提高，对结构整体温度场和应力场的三维有限元仿真分析，计算工作量过大，特别是带冷却水管的计算模型，一般的计算机无法满足要求。因此，还需对更加先进的求解算法进行研究，以满足现代工程大规模仿真计算的需要。

参 考 文 献

[1] 漳河工程管理局. 漳河水库陈家冲溢洪道混凝土裂缝老化处理 [J]. 湖北水力发电, 1993 (12): 53-54.

[2] 邓进标, 邹志军, 韩伯鲤, 等. 水工混凝土建筑物裂缝分析及其处理 [M]. 武汉: 武汉水利电力大学出版社, 1998.

[3] 沈兴华, 林秋英, 王新赋. 观音寺闸裂缝处理及效果评价 [J]. 人民长江, 2002, 23 (5): 16-17.

[4] 郭念春, 马殿君, 徐艳军. 沙颍河郑埠口枢纽工程节制闸闸墩裂缝成因分析 [J]. 水运工程, 2000 (8): 89-92.

[5] 王敬莲, 贵秋明. 新河大闸铺盖裂缝成因及防渗处理措施 [J]. 湖南水利, 1998 (5): 25-26.

[6] 李长城, 张晓园, 马有国. 水闸破坏与修复及法泗闸的整险加固 [J]. 中国农村水利水电, 2000 (6): 36-38.

[7] 叶国华. 港工混凝土结构物的温度应力和温度裂缝的研究 [J]. 水运工程, 1996 (8): 19-26.

[8] 白继中, 贾海亮, 辛雁清. 水工混凝土裂缝的研究 [J]. 山西水利科技, 2000 (1): 23-27.

[9] 罗素蓉, 郑建岚, 郑翥鹏. 高强与高性能混凝土温湿度场应力分析 [J]. 安全与环境学报, 2004, 4 (3): 42-44.

[10] 朱伯芳. 大体积混凝土温度应力与温度控制 [M]. 北京: 中国电力出版社, 1999.

[11] 朱伯芳, 蔡建波. 混凝土坝水管冷却效果的有限元分析 [J]. 水利学报, 1985 (4): 27-36.

[12] 朱平华. 绿色高性能混凝土的性能研究与混凝土结构可靠度的敏感性分析 [D]. 武汉: 武汉理工大学, 2004.

[13] 赵国藩. 高性能混凝土发展简介 [J]. 施工技术, 2002 (4): 1-2.

[14] SCHINDLER A K. Concrete hydration, temperature development, and setting at early-ages [D]. Austin: The University of Texas at Austin, 2002.

[15] 黄世敏, 刘连新. 高强高性能混凝土的发展及应用 [J]. 青海大学学报 (自然科学版), 2001 (6): 39-41.

[16] ATIS C D. Heat evolution of high-volume fly ash concrete [J]. Cement and Concrete Research, 2002 (32): 751 - 756.

[17] PAPADAKIS V J. Effect of fly ash on Portland cement systems. Part II. High-calcium fly ash [J]. Cement and Concrete Research, 2000 (30): 1647 - 1654.

[18] TSIMAS S, MOUTSATSOU-TSIMA A. High-calcium fly ash as the fourth constituent in concrete: problems, solutions and perspectives [J]. Cement and Concrete Composites, 2005 (27): 231 - 237.

[19] KONSTA-GDOUTOS M S, SHAH S P. Hydration and properties of novel blended cements based on cement kiln dust and blast furnace slag [J]. Cement and Concrete Research, 2003 (33): 1269 - 1276.

[20] SIOULASL B, SANJAYAN J G. Hydration temperatures in large high-strength concrete columns incorporating slag [J]. Cement and Concrete Research, 2000 (30): 1791 - 1799.

[21] ROJAS MISD, FRIAS M. The pozzolanic activity of different materials, its influence on the hydrationheat in mortars [J]. Cement and Concrete Research, 1996, 26 (2): 203 - 213.

[22] ZANNI H, CHEYREZY M, MARET V, et al. Investigation of hydration and pozzolanic reaction in reactie powder concrete using ^{29}Si NMR [J]. Cement and Concrete Research, 1996, 26 (1): 93 - 100.

[23] SHANNAG M J, YEGINOBALI A. Properties of pastes, motars and concretes containing natural pozxzolan [J]. Cement and Concrete Research, 1995, 25 (3): 647 - 657.

[24] 胡建勤. 高性能混凝土抗裂性能及其机理的研究 [D]. 武汉：武汉理工大学，2001.

[25] 安明喆. 高性能混凝土自收缩的研究 [D]. 北京：清华大学土木工程系，1999.

[26] 黄国兴，惠荣炎. 混凝土的收缩 [M]. 北京：中国铁道出版社，1990.

[27] 杨医博，文梓芸. 混凝土的自缩及其控制措施 [J]. 建筑技术，2002，33 (1): 18 - 19.

[28] AÏTCIN P C, NEVILLE, A M, ACKER P. Integrated view of shrinkage deformation [J]. Concrete International, 1997, 19 (9): 35 - 41.

[29] JENSON O M. Therm odnamic limitation of self-desiccation [J]. Cement and Concrete Research, 1995, 25 (1): 157 - 164.

［30］ 康志坚. 水泥石的干燥收缩及其微观机理研究 ［D］. 重庆：重庆大学，2007.

［31］ MIYAZAWA S, MONTEIRO P J M. Volume change of high-strength concrete in moist conditions ［J］. Cement and Concrete Research, 1996, 26 (4): 567 – 572.

［32］ 李家和，欧进萍，孙文博. 掺合料对高性能混凝土早期自收缩的影响 ［J］. 混凝土，2002 (5): 9 – 14.

［33］ ZHANG M H, TAM C T, LEOW M P. Effect of water-to-cementations materials ratio and silica fume on the autogenously shrinkage of concrete ［J］. Cement and Concrete Research, 2003 (23): 87.

［34］ 祝昌暾，陈敏，杨杨，等. 高强混凝土的收缩和早期徐变特性 ［J］. 混凝土与水泥制品，2005 (2): 1 – 4.

［35］ BENTUR A, IGARASHI S, KOVLER K. Prevention of autogenous shrinkage in high-strength concrete by internal curing using wet lightweight aggregates ［J］. Cement and Concrete Research, 2001 (31): 1587 – 1591.

［36］ ZHUTOVSKY S, KOVLER K, BENTUR A. Influence of cement paste matrix properties on the autogenous curing of high-performance concrete ［J］. Cement and Concrete Composites, 2004, 26 (5): 499 – 507.

［37］ 蒋亚清，许仲梓，吴建林，等. 高性能混凝土中饱水轻集料的微养护作用及机理 ［J］. 混凝土与水泥制品，2003 (5): 13 – 15.

［38］ COLLEPARDI M, BORSOI A, COLLEPARDI S. Effects of shrinkage reducing admixture in shrinkage compensating concrete under non-wet curing conditions ［J］. Cement and Concrete Composites, 2005 (27): 704 – 708.

［39］ 韩建国，杨富民. 混凝土减缩剂的作用机理及其应用效果 ［J］. 混凝土，2001 (4): 24 – 29.

［40］ 钱晓倩，孟涛，詹树林，等. 减缩剂对混凝土早期自收缩的影响 ［J］. 化学建材，2004 (4): 50 – 53.

［41］ 钱晓倩，詹树林，方明晖，等. 减水剂对混凝土收缩和裂缝的负影响 ［J］. 铁道科学与工程学报，2004, 1 (2): 19 – 25.

［42］ HOLT E E. Early age autogenous shrinkage of concrete ［D］. Washington: University of Washington, 2001.

［43］ AÏTCIN P C, NEVILLEA M, ACKER P. Integrated view of shrinkage deformation ［J］. Concrete International, 1997, 19 (9): 35 – 41.

［44］ BREUGEL K V. Numerical modeling of volume change at early agespotential, pitfalls and challenges [J]. Materials and Structures, 2001 (6): 293 – 301.

[45] PERSSON B. Experimental studies on shrinkage of high-performance concrete [J]. Cement and Concrete Research, 1998, 28 (7): 1023 – 1036.

[46] PAUL J U. Plastic shrinkage cracking and evaporation formulas [J]. ACI Materials Journal, 1998, 95 (4): 365 – 375.

[47] ALMUSALLAM A A, ABDUL-WARIS M, MSALEHUDDIN M, et al. Placing and shrinkage at extreme temperatures [J]. Concrete International, 1999 (1): 75 – 79.

[48] ANGAT P S, AZARI M M. Plastic shrinkage of steel fibre reinforced concrete [J]. Materials and Structures, 1990 (23): 186 – 195.

[49] WILSON E L. The determination of temperatures within mass concrete structures [R]. Berkeley: University of California, 1968.

[50] STEPHEN B T, ERNEST K S. Thermal considerations for roller-compacted concrete [J]. ACI Journal, 1985, 82 (2): 119 – 128.

[51] HATTE J H, THORBORG J. A numerical model for predicting the thermomechanical conditions during hydration of early-age concrete [J]. Applied Mathematical Modeling, 2003 (27): 1 – 26.

[52] SCHUTTER G D. Finite element simulation of thermal cracking in massive hardening concrete elements using degree of hydration based material laws [J]. Computers and Structures, 2002 (80): 2035 – 2042.

[53] BARRETT P K. Thermal structure analysis methods for RCC dams [C]. Proceeding of conference of roller compacted concrete Ⅲ, Sam Diedo, California, 1992.

[54] TOHRU K, SUNAO N. Investigations on determining thermal stress in massive concrete structures [J]. ACI, 1996, 93 (1): 32 – 37.

[55] CHIKAHISA H, TSUZAKI J, NAKAHARA H, et al. Adapation of back analysis methods for the estimation of thermal and boundary characteristics of mass concrete structures [J]. Dam Engineering, 1992, 3 (2): 117 – 138.

[56] 王润富, 陈和群, 李克敌. 求解徐变应力问题的初应力法 [J]. 华东水利学院学报, 1979 (3): 89 – 105.

[57] 王润富, 陈和群, 李克敌. 在有限单元法仲根据有限子域热量平衡原理求解不稳定温度昌 [J]. 水利学报, 1981 (6): 67 – 76.

［58］ 陈里红. 混凝土坝施工期徐变应力分析及考虑软化特性的开裂分析初步 ［D］. 南京：河海大学，1989.

［59］ 陈里红，傅作新. 碾压混凝土坝温度控制设计方法 ［J］. 河海科技进展，1993，13（4）：1－12.

［60］ 陈里红，傅作新. 采用一期水管冷却的混凝土坝施工期数值模拟 ［J］. 河海大学学报，1991，19（2）：22－28.

［61］ 陈里红，傅作新. 大体积混凝土结构施工期软化开裂分析 ［J］. 水利学报，1992（3）：70－74.

［62］ 黄达海，宋玉普，赵国藩. 碾压混凝土坝温度徐变应力仿真分析的进展 ［J］. 土木工程学报，2000，33（4）：97－100.

［63］ 丁宝瑛，王国秉，黄淑萍，等. 国内混凝土坝裂缝成因综述与防止措施 ［J］. 水利水电技术，1994（4）：12－18.

［64］ 张国新. 考虑温度历程效应的 MgO 微膨胀热积模型 ［J］. 水力发电，2002（11）：28－32.

［65］ 张国新，金峰，王光纶. 用基于流形元的子域奇异边界元法模拟重力坝的地震破坏 ［J］. 工程力学，2001，18（4）：19－27.

［66］ 高虎，刘光廷. 考虑温度对于弹性模量影响效应的大体积混凝土施工期应力计算 ［J］. 工程力学，2001，18（12）：61－67.

［67］ 黄淑萍，胡平，岳耀真. 观音阁水库碾压混凝土大坝温度应力仿真计算研究 ［J］. 水力发电，1996（7）：40－44.

［68］ 刘光廷，麦家煊，张国新. 溪柄碾压混凝土薄拱坝的研究 ［J］. 水力发电学报，1997（2）：19－28.

［69］ 麦家煊，李惠娟，裴文林. 用断裂力学法研究混凝土表面温度裂缝问题 ［J］. 水力发电学报，2002（2）：31－36.

［70］ 曾昭扬，马黔. 高碾压混凝土拱坝中的构造缝问题研究 ［J］. 水力发电，1998（2）：30－33.

［71］ 李广远，赵代深，柏承新. 碾压混凝土坝温度场与应力场全过程的仿真计算和研究 ［J］. 水利学报，1991（10）：60－70.

［72］ 侯朝胜，赵代深. 混凝土拱坝横缝开度三维仿真计算研究 ［J］. 水利水电技术，2000，31（8）：41－43.

［73］ 赵代深，薄钟禾，李广远，等. 混凝土拱坝应力分析的动态模拟方法 ［J］. 水利学报，1994（8）：18－26.

［74］ 曾兼权，李国润，陈希昌，等. 用基岩各向异性热学参数分析混凝土基础块的温度徐变应力 ［J］. 四川大学学报，1994（5）：1－6.

[75] 张涛，黄达海，王清湘，等. 沙牌碾压混凝土拱坝温度徐变应力仿真计算 [J]. 水利学报，2000（4）：1-7.

[76] 姜袁，黄达海. 混凝土坝施工过程仿真分析若干问题 [J]. 武汉水利电力大学学报，2000，33（3）：64-68.

[77] 黄达海，杨生虎. 碾压混凝土上下层结合面上初始温度赋值方法研究 [J]. 水力发电学报，1999（3）：25-34.

[78] 朱岳明，刘勇军，谢先坤. 确定混凝土温度特性多参数的试验与反演分析 [J]. 岩土工程学报，2002，24（2）：175-177.

[79] 朱岳明，黎军，刘勇军. 石梁河新建泄洪水闸闸墩裂缝成因分析 [J]. 红水河，2002，21（2）：44-47.

[80] 朱岳明，张建斌. 碾压混凝土坝高温期连续施工采用冷却水管进行温控的研究 [J]. 水利学报，2002（11）：55-59.

[81] 朱岳明，秦宾，张建斌，等. 基于生长单元网格浮动的碾压混凝土坝温度场分析 [J]. 河海大学学报，2002，30（5）：28-32.

[82] 朱岳明，徐之青，严飞. 含有冷却水管混凝土结构温度场的三维仿真分析 [J]. 水电能源科学，2003，21（1）：83-85.

[83] 朱岳明，贺金仁，肖志乔. 混凝土水管冷却试验与计算及应用 [J]. 河海大学学报（自然科学版），2003，31（6）：626-630.

[84] 朱岳明，贺金仁，刘勇军，等. 龙滩水电站大坝混凝土温控防裂研究（国电公司"十五"科技攻关子题项目——中间成果）[R]. 南京：河海大学，2002.

[85] 朱岳明，林志祥. 混凝土温度场热力学参数的并行反分析 [J]. 水电能源科学，2005，23（2）：69-72.

[86] 朱岳明，章恒全，方孝伍，等. 周宁碾压混凝土重力坝混凝土温控防裂研究Ⅱ [R]. 南京：河海大学，2003.

[87] 朱岳明，贺金仁，刘勇军. 龙滩高碾压混凝土重力坝夏季不同浇筑温度的温控防裂研究 [J]. 水力发电，2002（11）：32-36.

[88] 朱伯芳. 多层混凝土结构仿真应力分析的并层算法 [J]. 水力发电学报，1994（3）：21-30.

[89] ZHU B F. Compound layer method for stress analysis simulating construction process of concrete dam [J]. Dam Engineering，1995，6（2）：157-178.

[90] 王建江，陆述远. RCCD 温度应力分析的非均匀单元方法 [J]. 力学与实践，1995，17（3）：41-44.

[91] 刘光廷，郝巨涛. 碾压混凝土拱坝坝体应力简化计算研究 [J]. 清华大学
      学报，1996, 36 (1)：27 - 33.

[92] 王宗敏，刘光廷. 碾压混凝土坝的等效连续模型 [J]. 工程力学，1996,
      13 (2)：17 - 23.

[93] 凌道盛，张金江. 虚拟层合单元法及其在桥梁工程中的应用 [J]. 土木
      工程学报，1998, 31 (3)：22 - 29.

[94] 朱岳明，马跃锋. 非均质层合单元法 [J]. 工程力学，2006 (1)：239 - 243.

[95] 张建斌. 碾压混凝土坝三维温度场有限元仿真分析的层合单元模型的浮
      动网格法 [D]. 南京：河海大学，2000.

[96] 美国内务部垦务局编，侯建功译. 混凝土坝的冷却 [M]. 北京：水利电
      力出版社，1958.

[97] 朱伯芳. 混凝土坝的温度计算 [J]. 中国水利，1956 (11)：8 - 20.

[98] 朱伯芳. 有内部热源的大块混凝土用埋设水管冷却的降温计算 [J]. 水
      利学报，1957 (4)：87 - 106.

[99] 朱伯芳，蔡建波. 混凝土坝水管冷却效果的有限元分析 [J]. 水利学报.
      1985 (4)：27 - 36.

[100] ZHU B F, CAI J B. Finite element analysis of effect of pipe cooling in
      concrete dams [J]. Journal of Construction Engineering &
      Management，1989，115 (4)：487 - 498.

[101] 朱伯芳. 考虑水管冷却效果的混凝土等效热传导方程 [J]. 水利学报，
      1991 (3)：28 - 34.

[102] 刘宁，刘光廷. 水管冷却效应的有限元子结构模拟技术 [J]. 水利学
      报，1997 (12)：43 - 49.

[103] 麦家煊. 水管冷却理论解与有限元结合的计算方法 [J]. 水利发电学
      报，1998 (4)：31 - 41.

[104] 朱岳明，徐之青，贺金仁，等. 混凝土水管冷却温度场的计算方法
      [J]. 长江科学院院报，2003, 20 (2)：19 - 22.

[105] 刘勇军. 水管冷却计算的部分自适应精度法 [J]. 刘勇军，2003, 7
      (34)：33 - 35.

[106] CLARK R R. Cool concrete at Detroit dam [J]. Civil Engineering,
      1951 (21)：26 - 34.

[107] 朱伯芳. 高温季节进行坝体二期水管冷却时的表面保温 [J]. 水利水电
      技术，1997 (4)：10 - 13.

[108] 董福品. 考虑表面散热对冷却效果影响的混凝土结构水管冷却等效分析

方法 [J]. 水利水电技术，2001（8）：16 - 19.

[109] 丁宝瑛. 大体积混凝土与冷却水管间水管温差的确定 [J]. 水利水电技术，1997，3（28）：12 - 15.

[110] 陆阳，陆力. 大体积混凝土后期冷却优化控制 [J]. 水力发电，1995（6）：42 - 46.

[111] 赵代深，侯朝胜，李梅杉. 混凝土坝接缝灌浆水管冷却三维仿真计算研究 [J]. 水利水电技术，2000（8）：8 - 12.

[112] 朱伯芳. 大体积混凝土非金属水管冷却的降温计算 [J]. 水力发电，1996（12）：26 - 29.

[113] 朱伯芳. 聚乙烯冷却水管的等效间距 [J]. 水力发电，2002（1）：20 - 22.

[114] 朱伯芳. 高温季节进行坝体二期水管冷却时的表面保温 [J]. 水利水电技术，1997（4）：10 - 12.

[115] 陈秋华，邵敬东，赵永刚. RCC 高拱坝上埋设冷却水管技术研究 [J]. 水电站设计，2001（9）：12 - 28.

[116] 黎汝潮. 三峡工程塑料冷却水管现场试验与研究 [J]. 中国三峡建设，2000（5）：20 - 50.

[117] 何戊生. 聚乙烯管材在混凝土后冷中的应用 [J]. 水力发电，1999（5）：22 - 25.

[118] 丁长青. 高强度聚乙烯管在大朝山碾压混凝土围堰中的应用 [J]. 水力发电，2000（5）：26 - 27.

[119] 吕爱钟，蒋斌松. 岩石力学反问题 [M]. 北京：煤炭工业出版社，1998.

[120] 范鸣玉，张莹. 最优化技术基础 [M]. 北京：清华大学出版社，1982.

[121] 沈振中. 三维粘弹性位移反分析的可变容差法 [J]. 水利学报，1997（9）：66 - 70.

[122] 孙道恒. 力学反问题的神经网络分析法 [J]. 计算结构力学及其应用，1996，13（2）：115 - 118.

[123] 朱合华. 摄动粘弹性模型的反演分析 [C]. 上海：首届全国青年岩石力学学术研讨会论文集，1991.

[124] 段玉倩. 遗传算法及其改进 [J]. 电力系统及其自动化学报，1998，10（1）：39 - 52.

[125] 朱岳明，刘勇军，谢先坤. 确定混凝土温度特性多参数的试验与反演分析 [J]. 岩土工程学报，2002，24（2）：175 - 177.

[126] 张宇鑫，宋玉普，王登刚，等. 基于遗传算法的混凝土一维瞬态导热反

问题 [J]. 工程力学，2003，20（5）：87－105.

[127] 张宇鑫，宋玉普，王登刚. 基于遗传算法的混凝土三维非稳态温度场反分析 [J]. 计算力学学报，2004，21（3）：338－342.

[128] 李守巨，刘迎曦. 基于模糊理论的混凝土热力学参数识别方法 [J]. 岩土力学，2004，25（4）：570－573.

[129] 黎军，朱岳明，何光宇. 混凝土温度特性参数反分析及其应用 [J]. 红水河，2003，22（2）：33－36.

[130] 张子明，王嘉航，周红军，等. 混凝土温度特性参数的反演分析 [J]. 红水河，2003，22（1）：24－27.

[131] 刘宁，张剑，赵新铭. 大体积混凝土结构热学参数随机反演方法初探 [J]. 工程力学，2003，20（5）：115－120.

[132] 赵新铭，张剑，刘宁. 混凝土温度场热学参数反演方法的研究 [J]. 华北水利水电学院学报，2002，23（4）：7－9.

[133] 张剑，刘宁. 大体积混凝土结构热学参数的随机反演方法 [J]. 安徽建筑工业学院学报，2002，10（2）：6－10.

[134] 吴官胜，张剑，赵新铭. 大体积混凝土力学参数的 Bayes 随机优化反演 [J]. 华北水利水电学院学报，2005，26（1）：27－30.

[135] 王成山，韩敏，史志伟. RCC 坝热学参数人工神经网络反馈分析 [J]. 大连理工大学学报，2004，44（3）：437－441.

[136] 黄达海，刘广义，刘光廷. 大体积混凝土热学参数反分析新方法 [J]. 计算力学学报，2003，20（5）：574－578.

[137] 苏怀智，张志诚，夏世法. 带有冷却水管的混凝土温度场热学参数反演 [J]. 水力发电，2003（12）：44－46.

[138] 高英力. 超细粉煤灰高性能公路路面水泥混凝土早期收缩变形及抗裂性能研究 [D]. 长沙：中南大学，2005.

[139] RILEM TC-119. Prevention of thermal cracking in concrete at early age [M]. Munich：The Publishing Company of RILEM，1998.

[140] CUSSION D，REPETTE W L. Early-age cracking in reconstructed concrete bridge barrier walls [J]. ACI Materials Journal，2000，97（4）：438－446.

[141] 王铁梦. 工程结构裂缝控制 [M]. 北京：中国建筑工业出版社，1997.

[142] 吴相豪. 高碾压混凝土拱坝原型正反分析模型研究 [D]. 南京：河海大学，2000.

[143] 朱伯芳. 大体积混凝土温度应力与温度控制 [M]. 北京：中国电力出版社，1999.

[144] 张国新. 特高拱坝温度应力仿真与温度控制的几个问题探讨 [R]. 北京：中国水利水电科学研究院结构材料所，2008.

[145] 张国新，张景华，杨波. 碾压混凝土拱坝的封拱温度与真实温度荷载研究 [R]. 北京：中国水利水电科学研究院结构材料所，2008.

[146] 张国新. 碾压混凝土坝的温度应力与温度控制 [J]. 中国水利，2007 (21)：4-6.

[147] 朱伯芳. 混凝土坝的温度计算 [J]. 中国水利，1956 (11)：8-20.

[148] 潘家铮，何璟. 中国大坝50年 [M]. 北京：中国水利水电出版社，2000.

[149] 朱岳明，徐之青，张琳琳. 掺氧化镁混凝土筑坝技术的述评 [J]. 红水河，2002，21 (3)：45-48.

[150] 朱岳明，章恒全，方孝伍，等. 周宁碾压混凝土重力坝混凝土温控防裂研究Ⅱ [R]. 南京：河海大学，2003.

[151] 朱岳明，贺金仁，石青青. 龙滩高碾压混凝土重力坝仓面长间歇和寒潮冷击温控防裂分析 [J]. 水力发电，2003，29 (5)：6-9.

[152] 朱岳明，刘勇军，谢先坤，等. 石梁河新建泄洪闸施工期闸墩裂缝成因分析与加固措施研究 [R]. 南京：河海大学，1999.

[153] 吴中伟. 补偿收缩混凝土 [M]. 北京：中国建筑工业出版社，1979.

[154] 吴中伟. 膨胀混凝土 [M]. 北京：中国铁道出版社，1990.

[155] 朱伯芳. 微膨胀混凝土自生体积变形的计算模型及实验方法 [J]. 水利学报，2002 (12)：18-21.

[156] 丁宝瑛，岳耀真，朱绛. 掺 MgO 混凝土的温度徐变应力分析 [J]. 水力发电学报，1991 (4)：45-55.

[157] 张国新. 考虑温度历程效应的氧化镁膨胀混凝土仿真分析模型 [J]. 水利学报，2002 (8)：29-34.

[158] 张国新，杨波，申献平，等. MgO 微膨胀混凝土拱坝裂缝的非线性模拟 [J]. 水力发电学报，2004，23 (3)：51-55.

[159] 李承木. 掺 MgO 混凝土自生变形的温度效应试验及其应用 [J]. 水利水电科技进展，1999，19 (5)：33-37.

[160] 梅明荣. 掺 MgO 微膨胀混凝土结构的温度应力研究及其有效应力法 [D]. 南京：河海大学，2004.

[161] 杨小兵，侯建国，周圣斌，等. 高性能混凝土的性能及其工程应用述评 [J]. 三峡大学学报（自然科学版），2003，25 (1)：62-65.

[162] 孙萍，高玉峰，曹钧，等. 谈高强混凝土与高性能混凝土之异同 [J]. 陕西建筑，2007 (142)：38-39.

[163] 冯乃谦，邢锋. 高性能混凝土技术 [M]. 北京：原子能出版社，2000.

[164] 唐修生，李克亮，祝烨然. 大掺量矿渣高性能混凝土绝热温升试验研究 [J]. 人民长江，2008，39（3）：75－77.

[165] 吴建华. 高强高性能大掺量粉煤灰混凝土研究 [D]. 重庆：重庆大学，2004.

[166] 赵筠. 硅灰对混凝土早期裂缝的影响与对策 [J]. 中国混凝土网，2010 (1)：1－12.

[167] 王甲春，阎培渝，韩建国. 混凝土绝热温升的实验测试与分析 [J]. 建筑材料学报，2005，8（4）：446－451.

[168] COPELAND L E, KANTRO D L, VERBECK G. Chemistry of hydration of Portland cement [C]. Fourth International Symposium on the Chemistry of Cement. Washington D C：National Bureau of Standards，1960.

[169] SAUL A. Principles underlying the steam curing of concrete at atmospheric pressure [J]. Magazine of concrete research，1951，2（6）：127－140.

[170] CONSTANTINO-OBON C A. Investigation of the maturity concept as a new quality control/quality assurance measure for concrete [D]. Austin：The University of Texas，1998.

[171] FREIESLEBEN H P, PEDERSEN E J. Maturity computer for controlling curing and hardening of concrete [J]. Nordisk Betong，1977，1 (19)：21－25.

[172] KJELLSEN K O, DETWILER R J. Later-age strength prediction by a modified maturity model [J]. ACI Material Journal，1993，90（3）：220－227.

[173] 马跃峰. 基于水化度的混凝土温度与应力研究 [D]. 南京：河海大学，2006.

[174] 张子明，宋智通，黄海燕. 混凝土绝热温升和热传导方程的新理论 [J]. 河海大学学报，2002，30（3）：1－6.

[175] JAMES A G. Thermal and shrinkage effects in high performance concrete structures during construction [D]. Calgary：The University of Calgary，2002.

[176] 王成启，胡力平，时蓓玲. 粒化高炉矿渣粉在海工高性能混凝土中的应用研究 [J]. 粉煤灰综合利用，2007（5）：6－8.

[177] CARINO N J, TANK R C. Maturity functions for concretes made with various cements and admixtures [J]. ACI Materials Journal，1992，89

(2)：188 – 196.

[178]　CEB-FIP. Model for concrete structure [S]. London：Thomas Telford Ltd，1990.

[179]　JIN K K，SANG H H，LEE K M. Estimation of compressive strength by a new apparent activation energy function [J]. Cement and Concrete Research，2001，31 (2)：217 – 225.

[180]　CHANVILLARD G，D' ALOIA L. Concrete strength estimation at early ages：Modification of the method of equivalent age [J]. ACI Materials Journal，1997，94 (6)：520 – 530.

[181]　浦春红，杨德斌，崔立春. 掺合料对高性能混凝土收缩徐变性能影响研究 [J]. 中国水运，2007，5 (8)：58 – 59.

[182]　MAZLOOM M，RAMEZANIANPOUR A A，BROOKS J J，et al. Effect of silica fume on mechanical properties of high-strength concrete [J]. Cement and Concrete Composites，2004 (26)：347 – 357.

[183]　ENGLAND G L，ROSS A D. Reinforced concrete under thermal gradients [J]. Magazine of Concrete Research，1962，14 (40)：5 – 12.

[184]　蒋正武，孙振平，王培铭. 矿物掺合料对混凝土内部相对湿度分布的影响 [J]. 粉煤灰综合利用，2003 (2)：16 – 19.

[185]　周明，孙树栋. 遗传算法原理及应用 [M]. 北京：国防工业出版社，1999.

[186]　金菊良，杨晓华，储开凤，等. 加速基因算法在海洋环境预报中的应用 [J]. 海洋环境科学，1997 (4)：7 – 11.

[187]　陈建余，朱岳明，陈晓明，等. 改进加速遗传算法及其在非稳定渗流场反分析中的应用 [J]. 水电能源科学，2003，21 (3)：59 – 61.

[188]　刘杰，王瑷. 一种高效混合遗传算法 [J]. 2002 (2)：49 – 53.

[189]　刘有志. 水工混凝土温控和湿控防裂方法研究 [D]. 南京：河海大学，2006.

[190]　李亚杰. 建筑材料 [M]. 北京：中国水利水电出版社，2001.

[191]　马冬花，尚建丽，李占印. 高性能混凝土的自收缩 [J]. 西安建筑科技大学学报，2002，35 (1)：82 – 84.

[192]　鲁统卫，刘永生，韩军洲，等. 膨胀剂在高性能混凝土中的应用研究 [J]. 膨胀剂与膨胀混凝土，2007 (2)：8 – 12.

[193]　赵顺增. 膨胀剂和补偿收缩混凝土常见知识问答 [J]. 膨胀剂与膨胀混凝土，2007 (4)：39.

[194] 鲁统卫，郭蕾，李占印，等. 聚丙烯纤维对补偿收缩混凝土的影响 [J]. 商品混凝土，2007 (5)：17－19.

[195] 陈长华. 考虑钢筋作用的水工结构施工期温度场与温度应力分析 [D]. 南京：河海大学，2006.

[196] 李潘武，李慧民. 大体积混凝土温度构造钢筋的配置 [J]. 四川建筑科学研究，2005，31 (2)：31－35.

[197] 富文权，韩素芳. 混凝土工程裂缝分析与控制 [M]. 北京：中国铁路出版社，2000.

[198] 陈拯，金峰，王进廷. 拱坝坝面太阳辐射强度计算 [J]. 水利学报，2007，38 (12)：1460－1465.

[199] 陈拯. 太阳辐射对拱坝温度场的影响研究及其工程应用 [D]. 北京：清华大学，2007.

[200] 刘兴法. 太阳辐射对桥梁结构的影响 [M]. 北京：中国铁道出版社，1981.

[201] 冯晓波，王长德，管光华. 大型渡槽温度场的边界条件计算方法 [J]. 南水北调与水利科技，2008，6 (1)：170－173.

[202] 车传金，和秀芬，李聚兴，等. 渡槽表面温度边界条件分析 [J]. 南水北调与水利科技，2008，6 (1)：182－203.

[203] 王进廷，杨剑，金峰. 左右岸日照差异对高拱坝下游坝面温度应力的影响 [J]. 水力发电，2006，32 (10)：41－43.

[204] 李志磊，干钢，唐锦春. 考虑辐射换热的建筑结构温度场的数值模拟 [J]. 浙江大学学报（工学版），2004，38 (7)：915－920.

[205] 刘文燕，耿耀明. 混凝土表面太阳辐射吸收率试验研究 [J]. 混凝土与水泥制品，2004 (4)：8－11.

[206] 艾兵，原明昭. 房屋结构在日照作用下温度场的数值计算 [J]. 建筑结构，1995，(4)：46－48.

[207] JEONG J H. Characterization of slab behavior and related material properties due to temperature and moisture effects [D]. Texas：Texas A&M University，2003.

[208] 张子明，石端学，倪志强. 寒潮袭击时的温度应力及简化计算 [J]. 红水河，2006，25 (2)：119－127.

[209] 马跃峰，朱岳明，刘有志，等. 闸墩"枣核形"裂缝成因机理和防裂方法研究 [J]. 水电能源科学，2006，24 (4)：40－43.

[210] 张国新，金峰，罗小青，等. 考虑温度历程效应的氧化镁微膨胀混凝土

　　　　仿真分析模型 ［J］. 水利学报，2002 (8)：29 - 34.

[211]　张国新，陈显明，杜丽惠. 氧化镁混凝土膨胀的动力学模型 ［J］. 水利
　　　　水电技术，2004，35 (9)：88 - 91.

[212]　朱伯芳，张国新，杨卫中，等. 应用氧化镁混凝土筑坝的两种指导思想
　　　　和两种实践结果 ［J］. 水利水电技术，2006，36 (6)：39 - 42.

[213]　李承木，杨元慧. 氧化镁混凝土自生体积变形的长期观测结果 ［J］. 水
　　　　利学报，1999 (3)：54 - 58.

[214]　杨光华，袁明道，罗军. 氧化镁微膨胀混凝土在变温条件下膨胀规律数
　　　　值模拟的当量龄期法 ［J］. 水利学报，2004 (1)：116 - 121.

[215]　李承木. 掺氧化镁混凝土的基本力学与长期耐久性能 ［J］. 水电工程研
　　　　究，1999 (1)：10 - 19.